제제
수학

6-2

 시사원주니어

수학을 잘하고 싶은 어린이 모여라!

안녕하세요, 어린이 여러분?

선생님은 초등학교에서 학생들을 가르치면서, 수학을 잘하고 싶지만 어려워하는 어린이들을 많이 만났어요. 그래서 여러분이 혼자서도 수학을 잘할 수 있도록, 개념을 쉽게 알려 주는 문제집을 만들었어요.

여러분, 계단을 올라가 본 적이 있지요? 계단을 한 칸 한 칸 올라가다 보면 어느새 한 층을 다 올라가 있듯, 수학 공부도 똑같아요. 매일매일 조금씩 공부하다 보면 어느새 나도 모르게 수학 실력이 쑥쑥 올라가게 될 거예요.

선생님이 만든 '제제수학'은 수학 교과서처럼 한 단계씩 차근차근 공부할 수 있어요. 개념을 이해하게 도와주는 쉬운 문제부터 천천히 공부할 수 있도록 구성했으니, 수학 진도에 맞춰서 제대로, 그리고 꾸준히 공부해 보세요.

하루하루의 노력이 모여 여러분의 수학 실력을 단단하게 만들어 줄 거예요.

-권오훈, 이세나 선생님이

이 책의 구성과 활용법

step 1 단원 내용 공부하기

▶ 학교 진도에 맞춰 단원 내용을 공부해요.
▶ 각 차시별 핵심 정리를 읽고 중요한 개념을 확인한 후 문제를 풀어요.

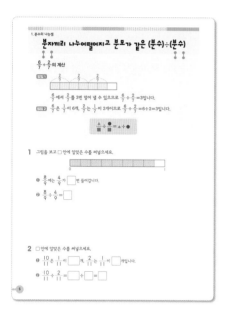

step 2 연습 문제
계산력을 키워요.

▶ 단원의 모든 내용을 공부하고 난 뒤에 계산 연습을 해요.
▶ 계산 연습을 할 때에는 집중하여 정확하게 계산하는 태도가 중요해요.
▶ 정확하게 계산을 잘하게 되면 빠르게 계산하는 연습을 해 보세요.

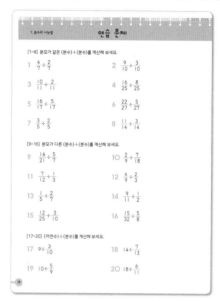

step 3 단원 평가
배운 내용을 확인해요.

▶ 잘 이해했는지 확인해 보고, 배운 내용을 정리해요.
▶ 문제를 풀다가 어려운 내용이 있다면 한번 더 공부해 보세요.

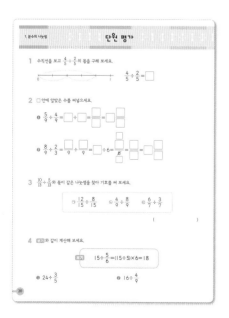

step 4 실력 키우기
응용력을 키워요.

▶ 생활 속 문제를 해결하는 힘을 길러요.
▶ 서술형 문제를 풀 때에는 문제를 꼼꼼하게 읽어야 해요. 식을 세우고 문제를 푸는 연습을 하며 실력을 키워 보세요.

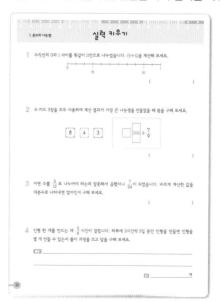

차례

1. 분수의 나눗셈

- 분자끼리 나누어떨어지고 분모가 같은 (분수)÷(분수)

- 분자끼리 나누어떨어지지 않고 분모가 같은 (분수)÷(분수)

- 분모가 다른 (분수)÷(분수)

- (자연수)÷(분수)

- (분수)÷(분수)를 (분수)×(분수)로 나타내기

- (분수)÷(분수)

분자끼리 나누어떨어지고 분모가 같은 (분수)÷(분수)

$\dfrac{6}{7} \div \dfrac{2}{7}$의 계산

방법 1

$\dfrac{6}{7}$에서 $\dfrac{2}{7}$를 3번 덜어 낼 수 있으므로 $\dfrac{6}{7} \div \dfrac{2}{7} = 3$입니다.

방법 2 $\dfrac{6}{7}$은 $\dfrac{1}{7}$이 6개, $\dfrac{2}{7}$는 $\dfrac{1}{7}$이 2개이므로 $\dfrac{6}{7} \div \dfrac{2}{7} = 6 \div 2 = 3$입니다.

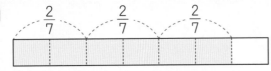

1 그림을 보고 □ 안에 알맞은 수를 써넣으세요.

❶ $\dfrac{8}{9}$에는 $\dfrac{4}{9}$가 □번 들어갑니다.

❷ $\dfrac{8}{9} \div \dfrac{4}{9} = $ □

2 □ 안에 알맞은 수를 써넣으세요.

❶ $\dfrac{10}{11}$은 $\dfrac{1}{11}$이 □개, $\dfrac{2}{11}$는 $\dfrac{1}{11}$이 □개입니다.

❷ $\dfrac{10}{11} \div \dfrac{2}{11} = $ □ $\div$ □ $= $ □

3 관계있는 것끼리 선으로 이어 보세요.

$$\frac{6}{13} \div \frac{3}{13}$$ •

$$\frac{7}{12} \div \frac{1}{12}$$ •

$$\frac{15}{16} \div \frac{5}{16}$$ •

• $15 \div 5$

• $6 \div 3$

• $7 \div 1$

4 계산해 보세요.

❶ $\dfrac{4}{5} \div \dfrac{2}{5}$ ❷ $\dfrac{9}{10} \div \dfrac{3}{10}$

❸ $\dfrac{5}{9} \div \dfrac{1}{9}$ ❹ $\dfrac{12}{13} \div \dfrac{4}{13}$

5 계산 결과가 작은 것부터 차례로 기호를 써 보세요.

㉠ $\dfrac{8}{9} \div \dfrac{1}{9}$ ㉡ $\dfrac{12}{17} \div \dfrac{2}{17}$ ㉢ $\dfrac{14}{19} \div \dfrac{7}{19}$

(   )

6 상자 한 개를 포장하는 데 끈이 $\dfrac{2}{13}$ m 필요합니다. 끈 $\dfrac{10}{13}$ m로 상자 몇 개를 포장할 수 있는지 구해 보세요.

(   )개

분자끼리 나누어떨어지지 않고 분모가 같은 (분수)÷(분수)

$\dfrac{5}{7} \div \dfrac{2}{7}$ 의 계산

방법 1

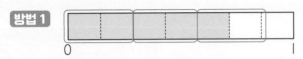

5개를 2개씩 묶으면 2개씩 2묶음과 1묶음의 반인 $\dfrac{1}{2}$이 됩니다.

➡ $\dfrac{5}{7} \div \dfrac{2}{7} = 2\dfrac{1}{2}$

방법 2 $\dfrac{5}{7}$는 $\dfrac{1}{7}$이 5개, $\dfrac{2}{7}$는 $\dfrac{1}{7}$이 2개이므로 $\dfrac{5}{7} \div \dfrac{2}{7} = 5 \div 2 = \dfrac{5}{2} = 2\dfrac{1}{2}$입니다.

$$\dfrac{\blacktriangle}{\blacksquare} \div \dfrac{\bullet}{\blacksquare} = \blacktriangle \div \bullet = \dfrac{\blacktriangle}{\bullet}$$

1 그림을 보고 □ 안에 알맞은 수를 써넣으세요.

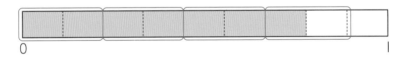

❶ $\dfrac{7}{9}$은 $\dfrac{1}{9}$이 □개, $\dfrac{2}{9}$는 $\dfrac{1}{9}$이 □개이므로 □개를 2개씩 묶으면

2개씩 □묶음과 1묶음의 반인 $\dfrac{1}{2}$이 됩니다.

➡ $\dfrac{7}{9} \div \dfrac{2}{9} = \boxed{}\dfrac{\boxed{}}{\boxed{}}$

❷ $\dfrac{7}{9} \div \dfrac{2}{9}$는 $7 \div \boxed{}$을/를 계산한 결과와 같습니다.

➡ $\dfrac{7}{9} \div \dfrac{2}{9} = \boxed{} \div \boxed{} = \dfrac{\boxed{}}{\boxed{}} = \boxed{}\dfrac{\boxed{}}{\boxed{}}$

2 □ 안에 알맞은 수를 써넣으세요.

❶ $\dfrac{9}{11} \div \dfrac{4}{11} = \boxed{} \div \boxed{} = \dfrac{\boxed{}}{\boxed{}} = \boxed{} \dfrac{\boxed{}}{\boxed{}}$

❷ $\dfrac{7}{8} \div \dfrac{3}{8} = \boxed{} \div \boxed{} = \dfrac{\boxed{}}{\boxed{}} = \boxed{} \dfrac{\boxed{}}{\boxed{}}$

3 계산 결과가 <u>다른</u> 하나를 찾아 기호를 써 보세요.

㉠ $\dfrac{5}{13} \div \dfrac{4}{13}$ ㉡ $\dfrac{10}{11} \div \dfrac{8}{11}$ ㉢ $\dfrac{7}{12} \div \dfrac{5}{12}$

(   )

4 가장 큰 수를 가장 작은 수로 나눈 몫을 구하는 식을 쓰고 답을 구해 보세요.

$\dfrac{7}{11}$ $\dfrac{2}{11}$ $\dfrac{9}{11}$ $\dfrac{3}{11}$ $\dfrac{8}{11}$

식 _____   답 _____

5 축구공 한 개의 무게는 $\dfrac{17}{20}$ kg이고, 야구공 한 개의 무게는 $\dfrac{3}{20}$ kg입니다. 축구공 한 개의 무게는 야구공 한 개의 무게의 몇 배인지 구해 보세요.

(   )배

분모가 다른 (분수)÷(분수)

분모가 다른 (분수)÷(분수)는 통분한 후 분자끼리 나누어 계산합니다.

· 분자끼리 나누어떨어지고 분모가 다른 (분수)÷(분수)

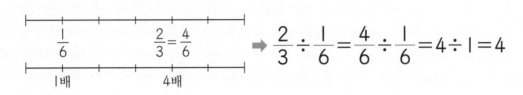

$$\frac{2}{3} \div \frac{1}{6} = \frac{4}{6} \div \frac{1}{6} = 4 \div 1 = 4$$

· 분자끼리 나누어떨어지지 않고 분모가 다른 (분수)÷(분수)

$$\frac{7}{15} \div \frac{2}{3} = \frac{7}{15} \div \frac{10}{15} = 7 \div 10 = \frac{7}{10}$$

1 그림을 보고 □ 안에 알맞은 수를 써넣으세요.

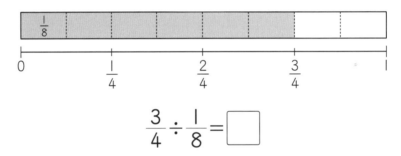

$$\frac{3}{4} \div \frac{1}{8} = \boxed{}$$

2 □ 안에 알맞은 수를 써넣으세요.

❶ $\dfrac{2}{3} \div \dfrac{8}{9} = \dfrac{\boxed{}}{9} \div \dfrac{8}{9} = \boxed{} \div \boxed{}$

$\quad\quad = \dfrac{\boxed{}}{8} = \dfrac{\boxed{}}{4}$

❷ $\dfrac{3}{4} \div \dfrac{5}{12} = \dfrac{\boxed{}}{12} \div \dfrac{5}{12} = \boxed{} \div 5$

$\quad\quad = \dfrac{\boxed{}}{5} = \boxed{}\dfrac{\boxed{}}{\boxed{}}$

3 빈 곳에 알맞은 수를 써넣으세요.

$\dfrac{3}{4}$	$\dfrac{2}{5}$	
$\dfrac{5}{6}$	$\dfrac{3}{8}$	

4 큰 수를 작은 수로 나눈 몫을 구해 보세요.

$$\dfrac{7}{16} \qquad \dfrac{5}{8}$$

(   )

5 계산 결과가 큰 것부터 순서대로 기호를 써 보세요.

㉠ $\dfrac{7}{8} \div \dfrac{7}{16}$ ㉡ $\dfrac{4}{5} \div \dfrac{1}{2}$ ㉢ $\dfrac{5}{12} \div \dfrac{2}{3}$

(   )

6 같은 시간 동안 가 유람선과 나 유람선이 간 거리입니다. 가 유람선이 간 거리는 나 유람선이 간 거리의 몇 배인지 구해 보세요.

가 유람선	나 유람선
$\dfrac{6}{7}$ km	$\dfrac{3}{4}$ km

(   )배

(자연수)÷(분수)

수박 $\frac{3}{4}$통의 무게가 6 kg일 때 수박 한 통의 무게는 몇 kg인지 구하기

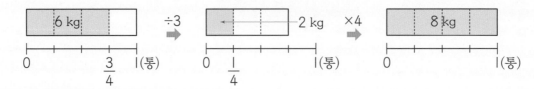

❶ (수박 $\frac{1}{4}$통의 무게)=6÷3=2 (kg)

❷ (수박 한 통의 무게)=2×4=8 (kg)

➡ $6 \div \frac{3}{4} = (6 \div 3) \times 4 = 8$

$$\bullet \div \frac{\blacktriangle}{\blacksquare} = (\bullet \div \blacktriangle) \times \blacksquare$$

1 고구마 4 kg를 캐는 데 $\frac{2}{3}$시간이 걸렸을 때 1시간 동안 캘 수 있는 고구마는 몇 kg인지 구하려고 합니다. □ 안에 알맞은 수를 써넣으세요.

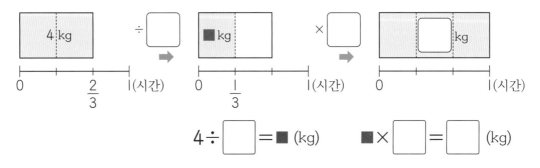

$4 \div \boxed{} = \blacksquare$ (kg) $\blacksquare \times \boxed{} = \boxed{}$ (kg)

➡ 1시간 동안 캘 수 있는 고구마는 $\boxed{}$ kg입니다.

2 보기 와 같이 계산해 보세요.

보기 $8 \div \frac{2}{5} = (8 \div 2) \times 5 = 20$ ➡ $20 \div \frac{5}{7} =$

3 계산해 보세요.

❶ $15 \div \dfrac{5}{6}$

❷ $21 \div \dfrac{7}{9}$

4 계산 결과를 찾아 선으로 이어 보세요.

$16 \div \dfrac{8}{9}$ •

$9 \div \dfrac{3}{11}$ •

$10 \div \dfrac{2}{5}$ •

• 18

• 25

• 33

5 계산 결과가 가장 큰 것을 찾아 기호를 써 보세요.

㉠ $12 \div \dfrac{3}{5}$　　㉡ $24 \div \dfrac{8}{11}$　　㉢ $18 \div \dfrac{6}{7}$

(　　　　　　　　　)

6 설탕 25 kg을 한 사람에게 $\dfrac{5}{9}$ kg씩 나누어 주려고 합니다. 모두 몇 명에게 나누어 줄 수 있는지 식을 쓰고 답을 구해 보세요.

식 _____　　답 _____ 명

(분수)÷(분수)를 (분수)×(분수)로 나타내기

❶ 나눗셈을 곱셈으로 나타냅니다.
❷ 나누는 분수의 분모와 분자를 바꿉니다.

$$\frac{\blacktriangle}{\blacksquare} \div \frac{\bullet}{\blacklozenge} = \frac{\blacktriangle}{\blacksquare} \times \frac{\blacklozenge}{\bullet}$$

1 거북이 $\frac{3}{5}$ m를 가는 데 $\frac{4}{7}$ 시간이 걸릴 때 1시간 동안 갈 수 있는 거리를 구하려고 합니다.
□ 안에 알맞은 수를 써넣으세요.

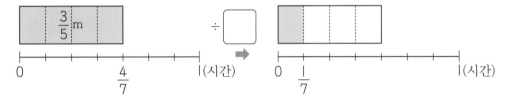

$\left(\frac{1}{7}\text{시간 동안 갈 수 있는 거리}\right) = \frac{3}{5} \div \boxed{} = \frac{3}{5} \times \dfrac{1}{\boxed{}}$ (m)

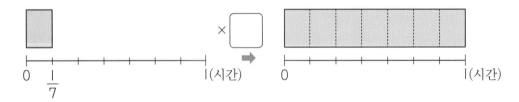

$(1\text{시간 동안 갈 수 있는 거리}) = \frac{3}{5} \times \dfrac{1}{\boxed{}} \times \boxed{} = \dfrac{\boxed{}}{\boxed{}} = \boxed{}\dfrac{\boxed{}}{\boxed{}}$ (m)

2 나눗셈을 곱셈으로 나타내어 $\frac{8}{9} \div \frac{3}{4}$ 을 계산하려고 합니다. 곱셈식으로 바르게 나타낸 식을
찾아 ○표 하세요.

$\frac{9}{8} \times \frac{3}{4}$	$\frac{8}{9} \times \frac{4}{3}$	$\frac{8}{9} \times \frac{3}{4}$
( )	( )	( )

3 나눗셈식을 곱셈식으로 나타내어 계산해 보세요.

❶ $\dfrac{2}{3} \div \dfrac{5}{8} = \dfrac{2}{3} \times \dfrac{\boxed{}}{\boxed{}} = \dfrac{\boxed{}}{\boxed{}} = \boxed{}\dfrac{\boxed{}}{\boxed{}}$

❷ $\dfrac{2}{7} \div \dfrac{3}{5} = \dfrac{\boxed{}}{\boxed{}} \times \dfrac{\boxed{}}{\boxed{}} = \dfrac{\boxed{}}{\boxed{}}$

❸ $\dfrac{7}{10} \div \dfrac{2}{9} = \dfrac{\boxed{}}{\boxed{}} \times \dfrac{\boxed{}}{\boxed{}} = \dfrac{\boxed{}}{\boxed{}} = \boxed{}\dfrac{\boxed{}}{\boxed{}}$

4 계산 결과가 자연수인 것에 ○표 하세요.

$\dfrac{7}{8} \div \dfrac{2}{3}$	$\dfrac{5}{12} \div \dfrac{5}{6}$	$\dfrac{8}{9} \div \dfrac{8}{27}$
(　　　)	(　　　)	(　　　)

5 넓이가 $\dfrac{7}{10}$ cm²인 직사각형이 있습니다. 가로가 $\dfrac{4}{5}$ cm일 때, 세로의 길이는 몇 cm인지 식을 쓰고 답을 구해 보세요.

$\dfrac{7}{10}$ cm²

식 _____　　　답 _____ cm

6 과자 한 개를 만드는 데 밀가루 $\dfrac{2}{7}$컵이 필요합니다. 밀가루 $\dfrac{8}{9}$컵으로 과자를 몇 개까지 만들 수 있나요?

(　　　　　　　　　)개

(분수)÷(분수)

- **(가분수)÷(분수)**

  방법 1 통분하여 계산합니다.

  $$\frac{7}{5} \div \frac{3}{4} = \frac{28}{20} \div \frac{15}{20} = 28 \div 15 = \frac{28}{15} = 1\frac{13}{15}$$

  방법 2 분수의 곱셈으로 바꾸어 계산합니다.

  $$\frac{7}{5} \div \frac{3}{4} = \frac{7}{5} \times \frac{4}{3} = \frac{28}{15} = 1\frac{13}{15}$$

- **(대분수)÷(분수)**

  방법 1 대분수를 가분수로 바꾼 후 통분하여 계산합니다.

  $$1\frac{5}{7} \div \frac{3}{4} = \frac{12}{7} \div \frac{3}{4} = \frac{48}{28} \div \frac{21}{28} = 48 \div 21 = \frac{\overset{16}{\cancel{48}}}{\underset{7}{\cancel{21}}} = \frac{16}{7} = 2\frac{2}{7}$$

  방법 2 대분수를 가분수로 바꾼 후 분수의 곱셈으로 바꾸어 계산합니다.

  $$1\frac{5}{7} \div \frac{3}{4} = \frac{12}{7} \div \frac{3}{4} = \frac{\overset{4}{\cancel{12}}}{7} \times \frac{4}{\underset{1}{\cancel{3}}} = \frac{16}{7} = 2\frac{2}{7}$$

1 $\frac{3}{5} \div \frac{6}{11}$을 두 가지 방법으로 계산하려고 합니다. □ 안에 알맞은 수를 써넣으세요.

❶ $\dfrac{3}{5} \div \dfrac{6}{11} = \dfrac{\square}{55} \div \dfrac{\square}{55} = \square \div 30 = \dfrac{\square}{30} = \dfrac{\square}{\square} = \square\dfrac{\square}{\square}$

❷ $\dfrac{3}{5} \div \dfrac{6}{11} = \dfrac{\cancel{3}}{5} \times \dfrac{\square}{\square} = \dfrac{\square}{\square} = \square\dfrac{\square}{\square}$

2 $1\frac{1}{2} \div \frac{4}{7}$ 를 두 가지 방법으로 계산하려고 합니다. □ 안에 알맞은 수를 써넣으세요.

❶ $1\frac{1}{2} \div \frac{4}{7} = \frac{\square}{2} \div \frac{4}{7} = \frac{\square}{14} \div \frac{\square}{14} = \square \div \square = \frac{\square}{\square} = \square\frac{\square}{\square}$

❷ $1\frac{1}{2} \div \frac{4}{7} = \frac{\square}{2} \div \frac{4}{7} = \frac{\square}{2} \times \frac{\square}{\square} = \frac{\square}{\square} = \square\frac{\square}{\square}$

3 계산 결과를 대분수로 나타내어 보세요.

❶ $3 \div \frac{5}{6}$

❷ $\frac{9}{4} \div \frac{7}{8}$

❸ $2\frac{1}{4} \div \frac{3}{10}$

❹ $2\frac{2}{7} \div 1\frac{1}{3}$

4 계산 결과를 비교하여 ○ 안에 >, =, <를 알맞게 써넣으세요.

$$\frac{16}{15} \div \frac{2}{5} \quad \bigcirc \quad 1\frac{3}{11} \div \frac{7}{8}$$

5 다음은 분수의 나눗셈을 잘못 계산한 것입니다. 바르게 고쳐 계산해 보세요.

$$2\frac{5}{14} \div \frac{3}{7} = 2\frac{5}{\overset{}{\underset{2}{14}}} \times \frac{\overset{1}{7}}{3} = 2\frac{5}{6}$$

➡ $2\frac{5}{14} \div \frac{3}{7} =$

6 물 $2\frac{2}{3}$ L를 한 병에 $\frac{8}{15}$ L씩 담으면 몇 병이 되는지 구하는 식을 쓰고 답을 구해 보세요.

식 _____   답 _____ 병

연습 문제

[1~8] 분모가 같은 (분수)÷(분수)를 계산해 보세요.

1 $\dfrac{4}{7} \div \dfrac{2}{7}$

2 $\dfrac{9}{10} \div \dfrac{3}{10}$

3 $\dfrac{10}{11} \div \dfrac{2}{11}$

4 $\dfrac{16}{25} \div \dfrac{8}{25}$

5 $\dfrac{16}{17} \div \dfrac{5}{17}$

6 $\dfrac{22}{27} \div \dfrac{5}{27}$

7 $\dfrac{3}{5} \div \dfrac{2}{5}$

8 $\dfrac{11}{14} \div \dfrac{3}{14}$

[9~16] 분모가 다른 (분수)÷(분수)를 계산해 보세요.

9 $\dfrac{14}{21} \div \dfrac{5}{7}$

10 $\dfrac{2}{9} \div \dfrac{7}{18}$

11 $\dfrac{7}{12} \div \dfrac{1}{3}$

12 $\dfrac{4}{9} \div \dfrac{2}{3}$

13 $\dfrac{1}{5} \div \dfrac{2}{7}$

14 $\dfrac{9}{11} \div \dfrac{1}{2}$

15 $\dfrac{12}{25} \div \dfrac{3}{10}$

16 $\dfrac{15}{32} \div \dfrac{5}{8}$

[17~20] (자연수)÷(분수)를 계산해 보세요.

17 $9 \div \dfrac{3}{10}$

18 $14 \div \dfrac{7}{13}$

19 $10 \div \dfrac{5}{9}$

20 $18 \div \dfrac{6}{11}$

[21~32] 나눗셈식을 곱셈식으로 바꾸어 계산해 보세요.

21 $\dfrac{11}{12} \div \dfrac{2}{3}$

22 $\dfrac{10}{11} \div \dfrac{4}{9}$

23 $\dfrac{3}{7} \div \dfrac{6}{11}$

24 $\dfrac{25}{27} \div \dfrac{10}{21}$

25 $\dfrac{16}{11} \div \dfrac{2}{3}$

26 $\dfrac{32}{15} \div \dfrac{4}{5}$

27 $\dfrac{31}{12} \div \dfrac{3}{4}$

28 $\dfrac{7}{2} \div \dfrac{14}{19}$

29 $1\dfrac{5}{12} \div \dfrac{5}{6}$

30 $5\dfrac{2}{3} \div \dfrac{5}{9}$

31 $2\dfrac{7}{15} \div \dfrac{1}{6}$

32 $3\dfrac{2}{5} \div \dfrac{3}{5}$

[33~36] 분수의 나눗셈의 몫의 크기를 비교하여 ○ 안에 >, =, <를 알맞게 써넣으세요.

33 $\dfrac{8}{9} \div \dfrac{16}{27}$ ◯ $\dfrac{11}{16} \div \dfrac{22}{25}$

34 $\dfrac{17}{15} \div \dfrac{1}{9}$ ◯ $\dfrac{22}{5} \div \dfrac{4}{7}$

35 $4\dfrac{4}{5} \div \dfrac{8}{9}$ ◯ $10\dfrac{2}{3} \div \dfrac{8}{9}$

36 $2\dfrac{4}{5} \div \dfrac{8}{11}$ ◯ $3\dfrac{1}{6} \div \dfrac{5}{4}$

단원 평가

1 수직선을 보고 $\dfrac{4}{5} \div \dfrac{2}{5}$의 몫을 구해 보세요.

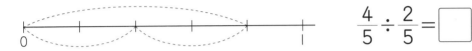

$$\dfrac{4}{5} \div \dfrac{2}{5} = \boxed{}$$

2 □ 안에 알맞은 수를 써넣으세요.

① $\dfrac{5}{9} \div \dfrac{4}{9} = \boxed{} \div \boxed{} = \dfrac{\boxed{}}{\boxed{}} = \boxed{}\dfrac{\boxed{}}{\boxed{}}$

② $\dfrac{8}{9} \div \dfrac{2}{3} = \dfrac{\boxed{}}{9} \div \dfrac{\boxed{}}{9} = \boxed{} \div 6 = \dfrac{\boxed{}}{6}\!\!\!\!\!_{\boxed{}} = \dfrac{\boxed{}}{\boxed{}} = \boxed{}\dfrac{\boxed{}}{\boxed{}}$

3 $\dfrac{10}{13} \div \dfrac{5}{13}$와 몫이 같은 나눗셈을 찾아 기호를 써 보세요.

㉠ $\dfrac{12}{15} \div \dfrac{8}{15}$ ㉡ $\dfrac{4}{9} \div \dfrac{8}{9}$ ㉢ $\dfrac{6}{7} \div \dfrac{3}{7}$

(   )

4 보기 와 같이 계산해 보세요.

> 보기 $15 \div \dfrac{5}{6} = (15 \div 5) \times 6 = 18$

① $24 \div \dfrac{3}{5}$ ② $16 \div \dfrac{4}{9}$

5 나눗셈식을 곱셈식으로 나타내어 계산해 보세요.

❶ $\dfrac{4}{15} \div \dfrac{8}{9}$

❷ $\dfrac{9}{13} \div \dfrac{3}{7}$

6 계산 결과를 찾아 선으로 이어 보세요.

$1\dfrac{5}{9} \div \dfrac{7}{8}$ •

$\dfrac{16}{5} \div \dfrac{8}{15}$ •

• 6

• $1\dfrac{7}{9}$

7 몫이 작은 나눗셈식부터 순서대로 기호를 써 보세요.

ㄱ $\dfrac{3}{5} \div \dfrac{1}{5}$ ㄴ $7\dfrac{1}{2} \div \dfrac{3}{4}$ ㄷ $\dfrac{25}{3} \div \dfrac{5}{8}$ ㄹ $\dfrac{6}{25} \div \dfrac{3}{10}$

(   )

8 □ 안에 들어갈 수 있는 자연수를 모두 구해 보세요.

$$\dfrac{8}{9} \div \dfrac{4}{9} < \square < 3\dfrac{1}{5} \div \dfrac{8}{15}$$

(   )

9 피자 한 판을 시켜서 진우는 전체의 $\dfrac{4}{9}$를 먹었고, 동생은 전체의 $\dfrac{1}{5}$을 먹었습니다. 진우가 먹은 피자의 양은 동생이 먹은 피자의 양의 몇 배인지 구하는 식을 쓰고 답을 구해 보세요.

식 _____ 답 _____ 배

실력 키우기

1 수직선의 0과 1 사이를 똑같이 11칸으로 나누었습니다. ㉠÷㉡을 계산해 보세요.

(   )

2 수 카드 3장을 모두 사용하여 계산 결과가 가장 큰 나눗셈을 만들었을 때 몫을 구해 보세요.

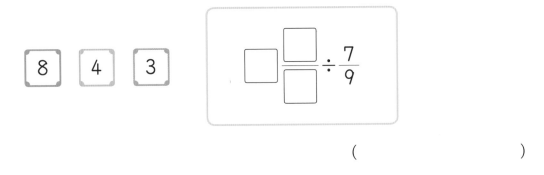

(   )

3 어떤 수를 $\frac{5}{12}$로 나누어야 하는데 잘못해서 곱했더니 $\frac{7}{24}$이 되었습니다. 바르게 계산한 값을 대분수로 나타내면 얼마인지 구해 보세요.

(   )

4 인형 한 개를 만드는 데 $\frac{5}{6}$시간이 걸립니다. 하루에 2시간씩 5일 동안 인형을 만들면 인형을 몇 개 만들 수 있는지 풀이 과정을 쓰고 답을 구해 보세요.

풀이 _____

_____

답 _____ 개

2. 소수의 나눗셈

- 자연수의 나눗셈을 이용한 (소수)÷(소수)

- 자릿수가 같은 (소수)÷(소수)

- 자릿수가 다른 (소수)÷(소수)

- (자연수)÷(소수)

- 몫을 반올림하여 나타내기

- 나누어 주고 남는 양 알아보기

자연수의 나눗셈을 이용한 (소수)÷(소수)

(소수)÷(소수)에서 나누어지는 수와 나누는 수를 똑같이 10배 또는 100배 하여
(자연수)÷(자연수)로 계산합니다.

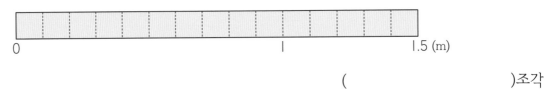

나누어지는 수와 나누는 수에 똑같이 10배 또는 100배를 해도 몫은 같습니다.

1 종이 띠 1.5 m를 0.3 m씩 자르려고 합니다. 그림에 0.3 m씩 선을 그어 보고, 잘랐을 때 몇 조각이 되는지 구해 보세요.

```
0                               1          1.5 (m)
```

(   )조각

2 설명을 읽고 □ 안에 알맞은 수를 써넣으세요.

❶

1 cm＝10 mm이므로 6.5 cm＝ ☐ mm, 0.5 cm＝ ☐ mm입니다.

따라서 65÷5＝ ☐ 이므로 6.5÷0.5＝ ☐ 입니다.

❷

1 m＝100 cm이므로 5.16 m＝ ☐ cm, 0.06 m＝ ☐ cm입니다.

따라서 516÷6＝ ☐ 이므로 5.16÷0.06＝ ☐ 입니다.

3 자연수의 나눗셈을 이용하여 소수의 나눗셈을 계산하려고 합니다. □ 안에 알맞은 수를 써넣으세요.

❶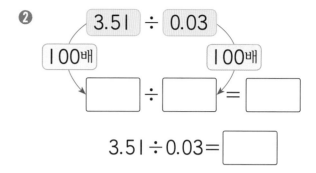

10.8 ÷ 1.2

10배   10배

□ ÷ □ = □

10.8÷1.2= □

❷

3.51 ÷ 0.03

100배   100배

□ ÷ □ = □

3.51÷0.03= □

4 □ 안에 알맞은 수를 써넣으세요.

❶

516÷4= □

51.6÷0.4= □

5.16÷0.04= □

❷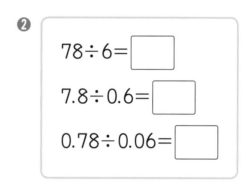

78÷6= □

7.8÷0.6= □

0.78÷0.06= □

5 3.84÷0.06과 몫이 같은 나눗셈을 모두 찾아 기호를 써 보세요.

㉠ 3.84÷0.6   ㉡ 38.4÷0.6   ㉢ 384÷6   ㉣ 384÷0.6

(   )

6 음료수 43.2 L를 0.6 L씩 나누어 담으려고 합니다. 필요한 컵은 몇 개인지 구하는 식을 쓰고 답을 구해 보세요.

식 _____   답 _____ 개

자릿수가 같은 (소수)÷(소수)

4.2÷0.3의 계산

방법 1 분수의 나눗셈으로 바꾸어 계산하기

$$4.2 \div 0.3 = \frac{42}{10} \div \frac{3}{10} = 42 \div 3 = 14$$

방법 2 4.2÷0.3과 42÷3을 비교하여 알아보기

10배

$$4.2 \div 0.3 = 14 \qquad 42 \div 3 = 14$$

10배

방법 3 세로로 계산하기

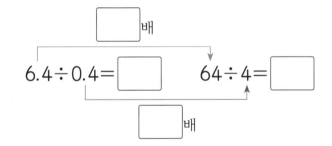

---

1 소수의 나눗셈을 여러 가지 방법으로 계산하려고 합니다. □ 안에 알맞은 수를 써넣으세요.

❶ 분수의 나눗셈으로 바꾸어 계산하기

$$6.4 \div 0.4 = \frac{64}{10} \div \frac{4}{10}$$

$$= \boxed{} \div \boxed{} = \boxed{}$$

❷ 6.4÷0.4와 64÷4를 비교하여 알아보기

$\boxed{}$배

$$6.4 \div 0.4 = \boxed{} \qquad 64 \div 4 = \boxed{}$$

$\boxed{}$배

❸ 세로로 계산하기

$$0.4 \overline{)6.4} \quad \Rightarrow \quad 4 \overline{)6 \quad 4}$$

2 계산해 보세요.

❶

$$0.5 \overline{)\ 8.5}$$

❷

$$0.14 \overline{)\ 4.34}$$

3 보기 와 같이 계산해 보세요.

보기
$$12.8 \div 1.6 = \frac{128}{10} \div \frac{16}{10} = 128 \div 16 = 8$$

➡ $21.6 \div 1.8 =$

4 관계있는 것끼리 선으로 이어 보세요.

$5.45 \div 0.05$ •	• 252
$92.1 \div 0.3$ •	• 109
$30.24 \div 0.12$ •	• 307

5 넓이는 13.6 m², 밑변의 길이는 3.4 m인 평행사변형이 있습니다. 이 평행사변형의 높이는 몇 m인지 식을 쓰고 답을 구해 보세요.

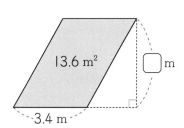

식 _____   답 _____ m

자릿수가 다른 (소수)÷(소수)

자릿수가 다른 (소수)÷(소수)는 나누는 수가 자연수가 되도록 나누어지는 수와 나누는 수를 똑같이 10배 또는 100배 하여 계산합니다.

3.72÷1.2의 계산

방법1 3.72÷1.2를 372÷120을 이용하여 계산하기

$$3.72 \div 1.2 = 3.1 \qquad 372 \div 120 = 3.1$$

100배

100배

$$
\begin{array}{r}
3.1 \\
120\overline{)3720} \\
360 \\
\hline
120 \\
120 \\
\hline
0
\end{array}
$$

방법2 3.72÷1.2를 37.2÷12를 이용하여 계산하기

$$3.72 \div 1.2 = 3.1 \qquad 37.2 \div 12 = 3.1$$

10배

10배

$$
\begin{array}{r}
3.1 \\
12\overline{)37.2} \\
36 \\
\hline
1 2 \\
1 2 \\
\hline
0
\end{array}
$$

1 4.86÷0.9를 주어진 방법으로 계산하려고 합니다. □ 안에 알맞은 수를 써넣으세요.

❶ 나누어지는 수를 자연수로 만들어 계산하기

4.86과 0.9를 각각 ☐배 하여 계산하면 ☐÷☐=☐입니다.

❷ 나누는 수를 자연수로 만들어 계산하기

4.86과 0.9를 각각 ☐배 하여 계산하면 ☐÷☐=☐입니다.

2 계산해 보세요.

❶
$$0.2)\overline{4.3\,4}$$

❷
$$2.4)\overline{5.0\,4}$$

3 계산이 <u>잘못된</u> 곳을 찾아 바르게 계산해 보세요.

$$\begin{array}{r} 0.6\,5 \\ 0.5)\overline{3.2\,5} \\ \underline{3\,0} \\ 2\,5 \\ \underline{2\,5} \\ 0 \end{array}$$

➡

$$0.5)\overline{3.2\,5}$$

4 □ 안에 알맞은 수를 구하는 식을 쓰고 답을 구해 보세요.

$$\boxed{\square \times 3.4 = 8.16}$$

식 _____   답 _____

5 배추 15.98 kg과 무 1.7 kg이 있습니다. 배추의 무게는 무의 무게의 몇 배인지 구하는 식을 쓰고 답을 구해 보세요.

식 _____   답 _____ 배

(자연수)÷(소수)

16÷0.8의 계산

방법 1 분수의 나눗셈으로 바꾸어 계산하기

$$16÷0.8=\frac{160}{10}÷\frac{8}{10}=160÷8=20$$

방법 2 자연수의 나눗셈으로 계산하기

10배

$$16÷0.8=20 \qquad 160÷8=20$$

10배

방법 3 세로로 계산하기

$$0.8\overline{)16.0} \;\Rightarrow\; 8\overline{)160}$$

```
        2 0
  8 ) 1 6 0
      1 6
          0
```

---

1 15÷2.5를 여러 가지 방법으로 계산하려고 합니다. □ 안에 알맞은 수를 써넣으세요.

❶ 분수의 나눗셈으로 바꾸어 계산하기

$$15÷2.5=\frac{\Box}{10}÷\frac{\Box}{10}=\Box÷\Box=\Box$$

❷ 자연수의 나눗셈으로 계산하기

□배

$$15÷2.5=\Box \qquad 150÷25=\Box$$

□배

❸ 세로로 계산하기

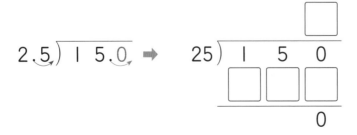

$$2.5\overline{)15.0} \;\Rightarrow\; 25\overline{)150}$$

2 보기와 같은 방법을 사용하여 나눗셈을 계산해 보세요.

$$\boxed{보기} \quad 18 \div 0.36 = \frac{1800}{100} \div \frac{36}{100} = 1800 \div 36 = 5$$

➡ $4 \div 0.16 =$

3 계산해 보세요.

❶

$$3.2\,)\overline{8\,0}$$

❷

$$0.25\,)\overline{4\,8}$$

4 □ 안에 알맞은 수를 써넣으세요.

❶ $72 \div 8 = \square$

$72 \div 0.8 = \square$

$72 \div 0.08 = \square$

❷ $2.96 \div 0.04 = \square$

$29.6 \div 0.04 = \square$

$296 \div 0.04 = \square$

5 ㉠과 ㉡의 몫의 합을 구해 보세요.

$$\boxed{\text{㉠ } 68 \div 1.7 \qquad \text{㉡ } 225 \div 0.45}$$

( )

몫을 반올림하여 나타내기

나눗셈에서 몫이 간단한 소수로 구해지지 않을 경우 몫을 반올림하여 나타낼 수 있습니다.

10÷7의 몫을 반올림하여 나타내기

```
       1.4 2 8
  7 ) 1 0.0 0 0
       7
       3 0
       2 8
         2 0
         1 4
           6 0
           5 6
             4
```

❶ 몫의 소수 첫째 자리 숫자가 4이므로 몫을 반올림하여 자연수로 나타내면 1입니다.

❷ 몫의 소수 둘째 자리 숫자가 2이므로 몫을 반올림하여 소수 첫째 자리까지 나타내면 1.4입니다.

❸ 몫의 소수 셋째 자리 숫자가 8이므로 몫을 반올림하여 소수 둘째 자리까지 나타내면 1.43입니다.

---

1 나눗셈식을 보고 □ 안에 알맞은 수를 써넣으세요.

```
       4.4 6
  3 ) 1 3.4 0
       1 2
       1 4
       1 2
         2 0
         1 8
           2
```

❶ 13.4÷3의 몫의 소수 첫째 자리 숫자가 ☐ 이므로 몫을 반올림하여 자연수로 나타내면 ☐ 입니다.

❷ 13.4÷3의 몫의 소수 둘째 자리 숫자가 ☐ 이므로 몫을 반올림하여 소수 첫째 자리까지 나타내면 ☐ 입니다.

---

2 나눗셈식을 보고 몫을 반올림하여 소수 둘째 자리까지 나타내어 보세요.

$$11.7 \div 7 = 1.671428\cdots\cdots$$

(   )

3 13÷6의 몫을 반올림하여 소수 첫째 자리까지 나타내어 보세요.

$$6 \overline{)13}$$

(   )

4 몫을 반올림하여 소수 둘째 자리까지 나타내어 보세요.

$$8.3 \div 3$$

(   )

5 계산 결과의 크기를 비교하여 ○ 안에 >, =, <를 알맞게 써 보세요.

38÷12의 몫을 반올림하여 자연수로 나타낸 수	○	38÷12의 몫을 반올림하여 소수 첫째 자리까지 나타낸 수

6 포도 주스 10 L를 15명이 똑같이 나누어 마시려고 합니다. 한 사람이 마실 수 있는 양은 몇 L인지 반올림하여 소수 둘째 자리까지 나타내려고 합니다. 풀이 과정을 쓰고 답을 구해 보세요.

풀이 _____

_____

답 _____ L

나누어 주고 남는 양 알아보기

끈 21.5 m를 한 사람에게 5 m씩 나누어 줄 때 나누어 줄 수 있는 사람 수와 남는 끈의 양 구하기

방법 1 덜어 내어 계산하기

$$21.5-5-5-5-5=1.5 \ (m)$$

21.5 m에서 5 m씩 4번 빼면 1.5 m가 남습니다.

➡ 나누어 줄 수 있는 사람 수: 4명, 남는 끈의 양: 1.5 m

방법 2 세로로 계산하기

$$
\begin{array}{r}
4 \\
5\overline{)\ 2\ 1.5} \\
2\ 0 \\
\hline
1.5
\end{array}
$$

21.5를 5로 나누면 몫은 4가 되고 1.5가 남습니다.

➡ 나누어 줄 수 있는 사람 수: 4명, 남는 끈의 양: 1.5 m

1 쌀 7.4 kg을 한 봉지에 2 kg씩 나누어 담을 때 나누어 담을 수 있는 봉지 수와 남는 쌀의 무게를 구하려고 합니다. □ 안에 알맞은 수를 써넣으세요.

❶ 덜어 내는 방법으로 구해 보세요.

$7.4-\boxed{}-\boxed{}-\boxed{}=\boxed{}$, 7.4에서 2를 $\boxed{}$번 빼면 $\boxed{}$입니다.

쌀은 $\boxed{}$봉지에 나누어 담을 수 있고 남는 쌀은 $\boxed{}$ kg입니다.

❷ 세로로 계산하여 구해 보세요.

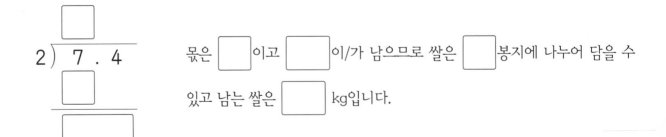

$$
\begin{array}{r}
\boxed{} \\
2\overline{)\ 7.\ 4} \\
\boxed{} \\
\hline
\boxed{}
\end{array}
$$

몫은 $\boxed{}$이고 $\boxed{}$이/가 남으므로 쌀은 $\boxed{}$봉지에 나누어 담을 수 있고 남는 쌀은 $\boxed{}$ kg입니다.

2 리본 끈 25.2 m를 한 명에게 3 m씩 나누어 줄 때 나누어 줄 수 있는 사람 수와 남는 리본 끈의 양을 구하려고 합니다. 바르게 계산한 친구는 누구인지 이름을 써 보세요.

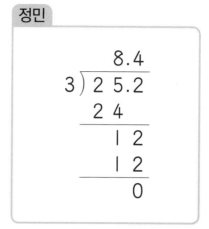

대호

```
      8
3 ) 2 5.2
    2 4
      1.2
```

➡ 8명에게 나누어 줄 수 있고,
남는 끈은 1.2 m입니다.

정민

```
      8.4
3 ) 2 5.2
    2 4
      1 2
      1 2
        0
```

➡ 8.4명에게 나누어 줄 수 있고,
남는 끈은 없습니다.

(   )

3 설탕 13.6 kg을 한 봉지에 3 kg씩 나누어 담으려고 합니다. 설탕을 몇 봉지에 담을 수 있고, 남는 설탕은 몇 kg인지 구해 보세요.

봉지 수 (   )봉지
남는 설탕의 무게 (   ) kg

4 쌀 45.5 kg을 2 kg씩 나누어 주려고 합니다. 쌀을 남김없이 모두 나누어 주려면 적어도 몇 kg이 더 필요한지 구하려고 합니다. 물음에 답하세요.

❶ 쌀을 몇 명에게 나누어 줄 수 있고, 남는 쌀은 몇 kg인지 구해 보세요.

나누어 줄 수 있는 사람 수 (   )명
남는 쌀의 무게 (   ) kg

❷ 쌀을 남김없이 모두 나누어 주려면 쌀은 적어도 몇 kg이 더 필요한지 풀이 과정을 쓰고 답을 구해 보세요.

풀이 _____

_____

답 _____ kg

연습 문제

[1~2] 자연수의 나눗셈을 이용하여 □ 안에 알맞은 수를 써넣으세요.

1   $62.4 \div 0.4 =$ □

      $624 \div 4 =$ □

2   $0.84 \div 0.12 =$ □

      $84 \div 12 =$ □

[3~8] □ 안에 알맞은 수를 써넣으세요.

3   $4.2 \div 0.3 = \dfrac{\Box}{10} \div \dfrac{\Box}{10} = \Box \div 3 = \Box$

4   $6.15 \div 0.05 = \dfrac{\Box}{100} \div \dfrac{\Box}{100} = \Box \div \Box = \Box$

5   $0.8 \div 0.16 = \dfrac{\Box}{100} \div \dfrac{\Box}{100} = \Box \div \Box = \Box$

6   $1.12 \div 0.14 = \dfrac{\Box}{100} \div \dfrac{\Box}{100} = \Box \div \Box = \Box$

7   $15 \div 0.6 = \dfrac{\Box}{10} \div \dfrac{\Box}{10} = \Box \div \Box = \Box$

8   $18 \div 0.75 = \dfrac{\Box}{100} \div \dfrac{\Box}{100} = \Box \div \Box = \Box$

[9~14] 계산해 보세요.

9

$0.4 \overline{)\ 2\ 9.2}$

10

$0.26 \overline{)\ 4.6\ 8}$

11

$0.7 \overline{)\ 3.0\ 8}$

12

$1.9 \overline{)\ 1.1\ 4}$

13

$0.8 \overline{)\ 2\ 4}$

14

$3.8 \overline{)\ 4\ 1\ 8}$

[15~16] 몫을 반올림하여 주어진 자리까지 나타내어 보세요.

15 소수 첫째 자리까지 나타내기

$7 \overline{)\ 2\ 4}$

16 소수 둘째 자리까지 나타내기

$9 \overline{)\ 7\ 6.4}$

(   )   (   )

단원 평가

1 자연수의 나눗셈을 이용하여 소수의 나눗셈을 계산하려고 합니다. □ 안에 알맞은 수를 써넣으세요.

❶
$185 \div 5 = \boxed{}$

$18.5 \div 0.5 = \boxed{}$

$1.85 \div 0.05 = \boxed{}$

❷
$651 \div 3 = \boxed{}$

$65.1 \div 0.3 = \boxed{}$

$6.51 \div 0.03 = \boxed{}$

2 □ 안에 알맞은 수를 써넣으세요.

❶ $10.8 \div 1.2 = \dfrac{\boxed{}}{10} \div \dfrac{\boxed{}}{10} = \boxed{} \div \boxed{} = \boxed{}$

❷ $14.7 \div 0.21 = \dfrac{\boxed{}}{100} \div \dfrac{\boxed{}}{100} = \boxed{} \div \boxed{} = \boxed{}$

3 계산을 하세요.

❶
$0.03 \overline{)1.71}$

❷
$0.6 \overline{)8.82}$

4 계산 결과가 <u>다른</u> 하나를 찾아 기호를 써 보세요.

| ㉠ $4.32 \div 0.12$ | ㉡ $432 \div 12$ | ㉢ $43.2 \div 0.12$ | ㉣ $43.2 \div 1.2$ |

(   )

5 계산 결과의 크기를 비교하여 ◯ 안에 >, =, <를 알맞게 써넣으세요.

$$5.94 \div 0.22 \bigcirc 7.2 \div 0.18$$

6 나눗셈을 계산하고 ㉠은 ㉡의 몇 배인지 구해 보세요.

$$816 \div 3 = ㉠ \qquad 8.16 \div 0.3 = ㉡$$

(   )배

7 나눗셈의 몫을 반올림하여 소수 첫째 자리까지 나타낸 수를 빈칸에 써넣으세요.

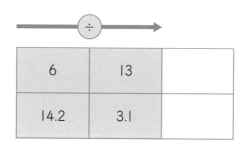

	÷	
6	13	
14.2	3.1	

8 집에서 공원까지의 거리는 3.15 km이고, 집에서 학교까지의 거리는 0.57 km입니다. 집에서 공원까지의 거리는 집에서 학교까지의 거리의 몇 배인지 소수 둘째 자리까지 나타내어 보세요.

(   )배

9 8.27 L의 주스를 0.3 L씩 컵에 나누어 담으려고 합니다. 필요한 컵의 수와 남는 주스의 양을 구해 보세요.

필요한 컵의 수 (   )개

남는 주스의 양 (   ) L

실력 키우기

1 밑변이 3.2 cm인 삼각형의 넓이가 2.88 cm²일 때 높이는 몇 cm인지 구해 보세요.

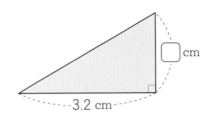

(   ) cm

2 감자와 고구마의 가격입니다. 감자와 고구마를 각각 1 kg씩 산다면 모두 얼마를 내야 하는지 구해 보세요.

> 감자: 2.5 kg에 5500원
>
> 고구마: 1.8 kg에 6300원

(   )원

3 어떤 수를 0.4로 나누어야 하는데 잘못하여 0.4를 곱했더니 11.2가 되었습니다. 바르게 계산한 값은 얼마인지 풀이 과정을 쓰고 답을 구해 보세요.

풀이 _____

_____

답 _____

4 우유 12.5 L를 컵에 똑같이 담아 나누어 주려고 합니다. 남는 우유의 양이 가장 적은 경우를 찾아 ◯표 하세요.

한 사람에게 0.3 L씩 나누어 줄 때	한 사람에게 0.4 L씩 나누어 줄 때	한 사람에게 0.6 L씩 나누어 줄 때
( )	( )	( )

3. 공간과 입체

- 어느 방향에서 본 것인지 알아보기

- 쌓은 모양과 쌓기나무의 개수 알아보기 (1)

- 쌓은 모양과 쌓기나무의 개수 알아보기 (2)

- 쌓은 모양과 쌓기나무의 개수 알아보기 (3)

- 쌓은 모양과 쌓기나무의 개수 알아보기 (4)

- 여러 가지 모양 만들기

어느 방향에서 본 것인지 알아보기

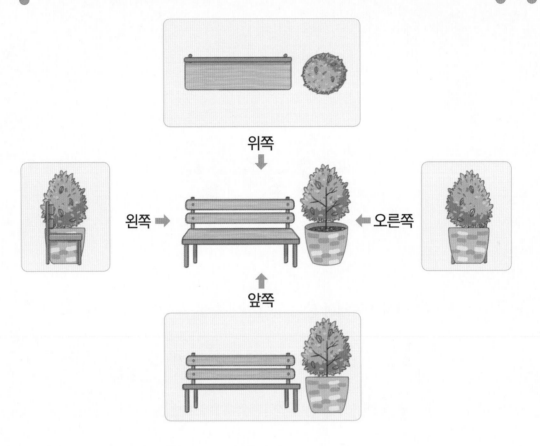

- 위치와 방향에 따라 보이는 대상이 달라집니다.
- 벤치와 나무를 찍은 사진을 보고 어느 방향에서 찍은 것인지 알 수 있습니다.

1 자동차를 여러 방향에서 보고 찍은 사진입니다. 각 사진을 찍은 위치를 찾아 써 보세요.

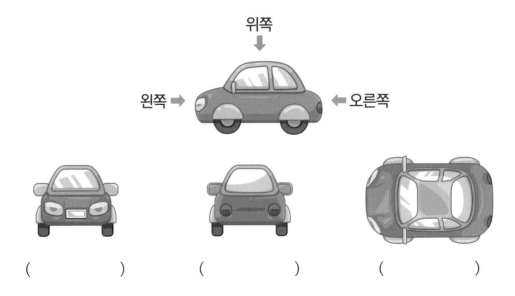

(   )   (   )   (   )

2 학교를 여러 방향에서 찍은 사진을 보고 누가 찍은 사진인지 찾아 이름을 써 보세요.

❶
(   )

❷
(   )

❸
(   )

❹
(   )

3 여러 방향에서 사진을 찍을 때, 나올 수 <u>없는</u> 사진을 찾아 ✕표 하세요.

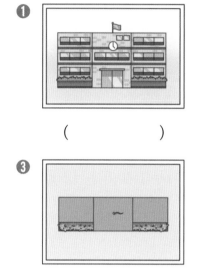

❶
(   )   (   )   (   )

❷
(   )   (   )   (   )

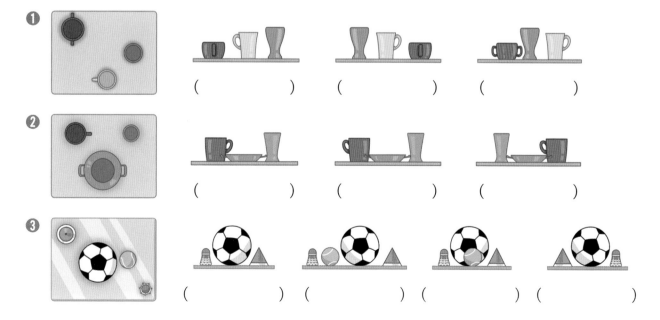

❸
(   )   (   )   (   )   (   )

쌓은 모양과 쌓기나무의 개수 알아보기(1)

• 쌓기나무로 쌓은 모양과 위에서 본 모양을 보고 쌓은 개수를 구할 수 있습니다.

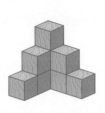 

위에서 본 모양

➡ 쌓기나무로 쌓은 모양에서 보이는 위의 면과 위에서 본 모양이 같으므로 보이지 않는 부분에 숨겨진 쌓기나무가 없습니다.
따라서 쌓기나무 9개로 쌓은 모양입니다.

• 쌓기나무로 쌓은 모양과 위에서 본 모양을 보고 쌓은 모양을 추측할 수 있습니다.

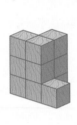 

위에서 본 모양

➡ 쌓기나무로 쌓은 모양에서 보이는 위의 면과 위에서 본 모양이 다르므로 보이지 않는 부분에 숨겨진 쌓기나무가 있습니다.
따라서 쌓기나무 11개 또는 12개로 쌓은 모양입니다.

1 쌓기나무로 쌓은 모양을 보고 위에서 본 모양을 그렸습니다. 관계있는 것끼리 선으로 이어 보세요.

2 보이지 않는 부분에 숨겨진 쌓기나무가 있을 수 있는 모양을 찾아 기호를 써 보세요.

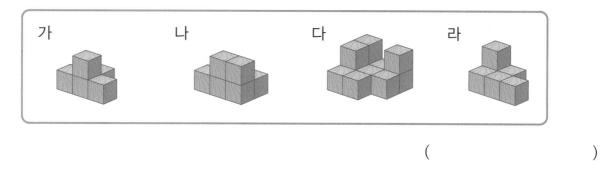

( )

3 쌓기나무를 보기 와 같은 모양으로 쌓았습니다. 돌렸을 때 보기 와 같은 모양을 만들 수 없는 것을 찾아 기호를 써 보세요.

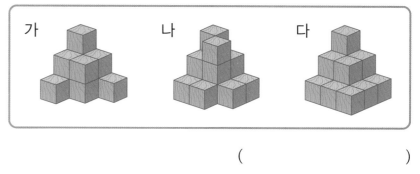

( )

4 주어진 모양과 똑같이 쌓는 데 필요한 쌓기나무의 개수를 구해 보세요.

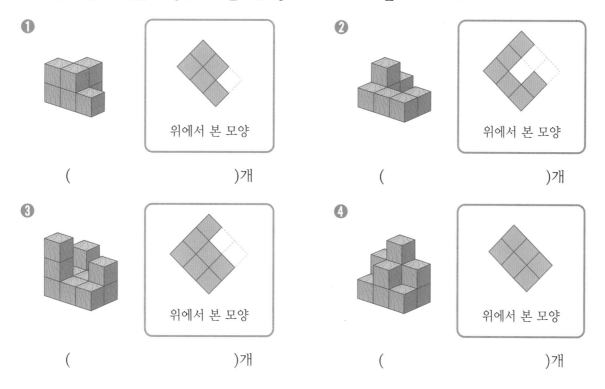

❶
위에서 본 모양
( )개

❷
위에서 본 모양
( )개

❸
위에서 본 모양
( )개

❹
위에서 본 모양
( )개

쌓은 모양과 쌓기나무의 개수 알아보기 (2)

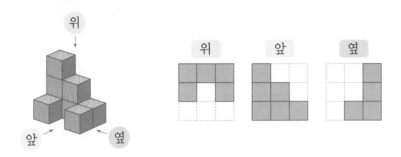

• 위에서 본 모양: 1층에 쌓은 쌓기나무의 모양과 같습니다.

• 앞, 옆에서 본 모양: 각 방향에서 가장 높은 층의 모양과 같습니다.

1 쌓기나무 10개로 쌓은 모양입니다. 어느 방향에서 본 모양인지 찾아 ( ) 안에 위, 앞, 옆을 써 보세요.

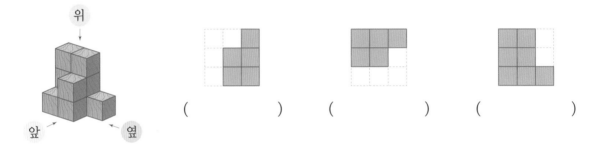

(   )   (   )   (   )

2 쌓기나무로 쌓은 모양을 위, 앞, 옆에서 본 모양입니다. 물음에 답하세요.

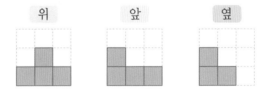

❶ 쌓은 모양으로 알맞은 것에 ◯표 하세요.

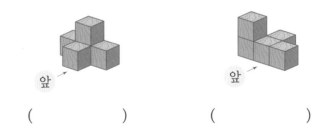

(   )   (   )

❷ 똑같은 모양으로 쌓는 데 필요한 쌓기나무는 몇 개인가요?

(   )개

3 다음은 쌓기나무 8개로 쌓은 모양입니다. 옆에서 본 모양이 <u>다른</u> 것을 찾아 기호를 써 보세요.

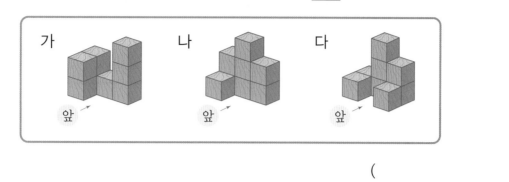

(   )

4 쌓기나무로 쌓은 모양과 이를 위에서 본 모양입니다. 앞과 옆에서 본 모양을 각각 그려 보세요.

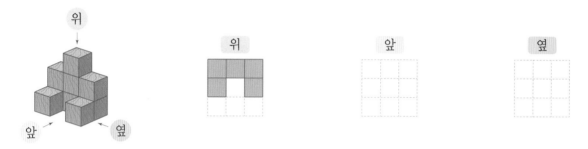

5 쌓기나무 9개로 쌓은 모양을 보고 위, 앞, 옆에서 본 모양을 각각 그려 보세요.

6 쌓기나무로 쌓은 모양을 위, 앞, 옆에서 본 모양입니다. 똑같은 모양으로 쌓는 데 필요한 쌓기나무의 개수를 구해 보세요.

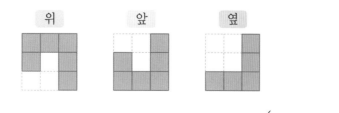

(   )개

쌓은 모양과 쌓기나무의 개수 알아보기(3)

• 위에서 본 모양의 각 자리에 쌓은 쌓기나무의 개수를 써서 쌓기나무의 개수를 구할 수 있습니다.

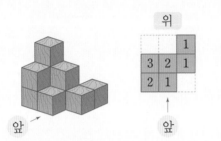

➡ 똑같은 모양으로 쌓는 데 필요한 쌓기나무는
1+3+2+1+2+1=10(개)입니다.

1 쌓기나무로 쌓은 모양을 보고 위에서 본 모양의 각 자리에 수를 써넣으세요.

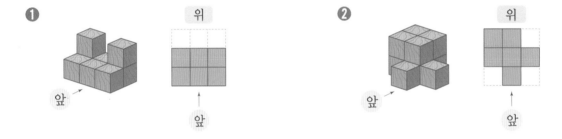

2 쌓기나무로 쌓은 모양을 보고 위에서 본 모양에 수를 썼습니다. 쌓기나무로 쌓은 모양으로 알맞은 것에 ○표 하세요.

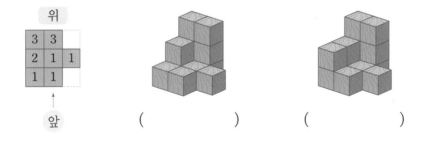

(   )   (   )

3 쌓기나무로 쌓은 모양을 보고 위에서 본 모양에 수를 썼습니다. 똑같은 모양으로 쌓는 데 필요한 쌓기나무는 몇 개인지 구해 보세요.

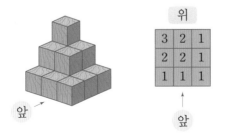

(   )개

4 쌓기나무로 쌓은 모양을 보고 위에서 본 모양에 수를 쓴 것입니다. 앞에서 본 모양은 '앞', 옆에서 본 모양은 '옆'이라고 써 보세요.

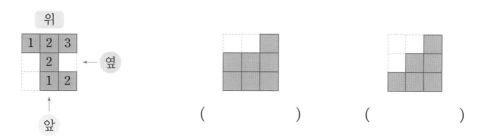

(   )   (   )

5 쌓기나무로 쌓은 모양을 보고 위에서 본 모양에 수를 썼습니다. 이 모양을 앞과 옆에서 본 모양을 각각 그려 보세요.

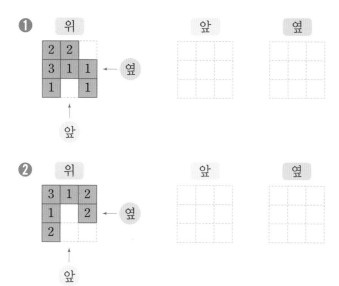

6 쌓기나무로 쌓은 모양을 위, 앞, 옆에서 본 모양을 보고 ㉠, ㉡, ㉢, ㉣, ㉤에 알맞은 수를 구해 보세요.

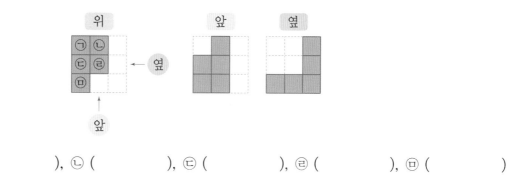

㉠ (   ), ㉡ (   ), ㉢ (   ), ㉣ (   ), ㉤ (   )

쌓은 모양과 쌓기나무의 개수 알아보기 (4)

• 위에서 본 모양에서 같은 위치에 있는 층은 같은 위치에 그림을 그립니다.

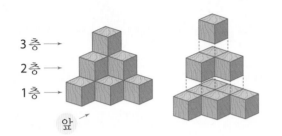

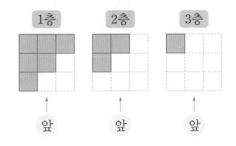

➡ 각 층에 사용된 쌓기나무는 1층에 6개, 2층에 3개, 3층에 1개이므로 똑같은 모양으로 쌓는 데 필요한 쌓기나무는 6+3+1=10(개)입니다.

1 쌓기나무 6개로 쌓은 모양을 보고 1층과 2층 모양을 각각 그려 보세요.

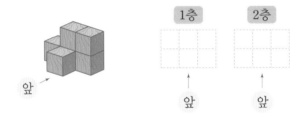

2 쌓기나무로 쌓은 모양과 1층 모양을 보고 2층과 3층 모양을 각각 그려 보세요.

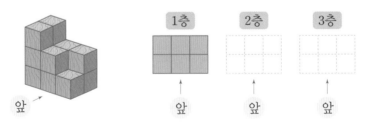

3 쌓기나무로 쌓은 모양을 층별로 나타낸 모양입니다. 바르게 쌓은 모양을 찾아 ○표 하세요.

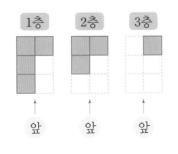

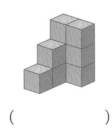

(   )

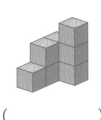

(   )

4 층별로 나타낸 모양을 보고 똑같은 모양으로 쌓는 데 필요한 쌓기나무의 개수를 알아보려고 합니다. □ 안에 알맞은 수를 써넣으세요.

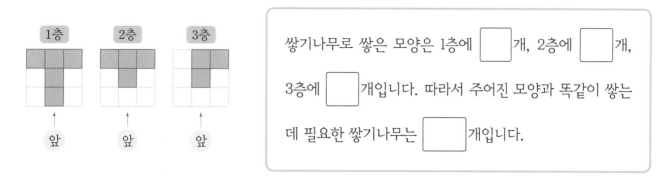

쌓기나무로 쌓은 모양은 1층에 □개, 2층에 □개, 3층에 □개입니다. 따라서 주어진 모양과 똑같이 쌓는 데 필요한 쌓기나무는 □개입니다.

5 쌓기나무로 쌓은 모양을 층별로 나타낸 모양입니다. 위에서 본 모양에 수를 쓰는 방법으로 나타내고, 똑같은 모양으로 쌓는 데 필요한 쌓기나무의 개수를 구해 보세요.

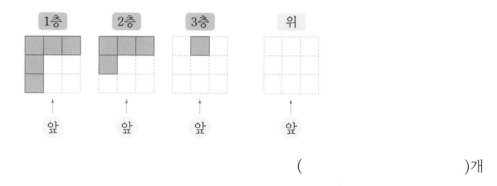

( )개

6 쌓기나무로 모양을 3층까지 쌓으려고 합니다. 각 층이 될 수 있는 모양을 찾아 기호를 써 보세요.

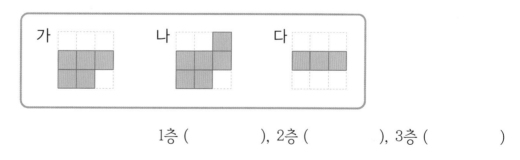

1층 ( ), 2층 ( ), 3층 ( )

7 쌓기나무로 쌓은 모양을 층별로 나타낸 모양입니다. 똑같은 모양으로 쌓는 데 필요한 쌓기나무의 개수를 구해 보세요.

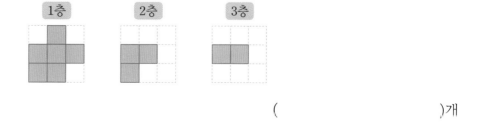

( )개

여러 가지 모양 만들기

- 쌓기나무 3개로 만들 수 있는 서로 다른 모양은 모두 2가지입니다.

- 만든 모양을 뒤집거나 돌려서 같은 것은 같은 모양입니다.

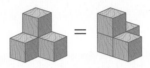

- 모양을 사용하여 새로운 모양을 만들 수 있습니다.

 , , , ……

1 쌓기나무로 만든 모양입니다. 서로 같은 모양을 찾아 선으로 이어 보세요.

 ·   ·

 ·   ·

 ·   ·

 ·   ·

2 왼쪽 모양에 쌓기나무를 1개 더 붙여서 만들 수 있는 모양을 모두 찾아 기호를 써 보세요.

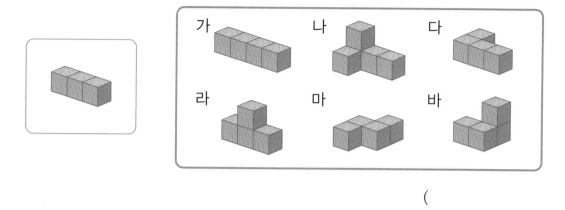

(   )

3 나머지와 <u>다른</u> 모양 하나를 찾아 기호를 써 보세요.

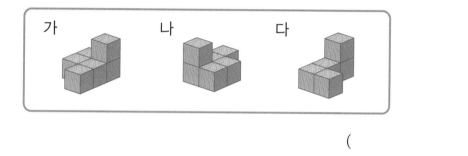

(   )

4 왼쪽 모양에 쌓기나무를 1개 더 붙여 그려서 서로 <u>다른</u> 모양을 만들어 보세요.

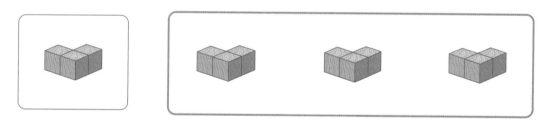

5 쌓기나무를 4개씩 붙여서 만든 두 가지 모양을 사용하여 새로운 모양을 만들었습니다. 어떻게 만들었는지 구분하여 색칠해 보세요.

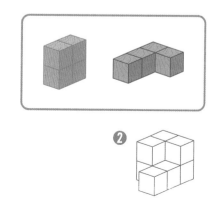

❶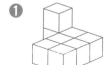

❷

연습 문제

1 주어진 모양과 똑같이 쌓는 데 필요한 쌓기나무의 개수를 구해 보세요.

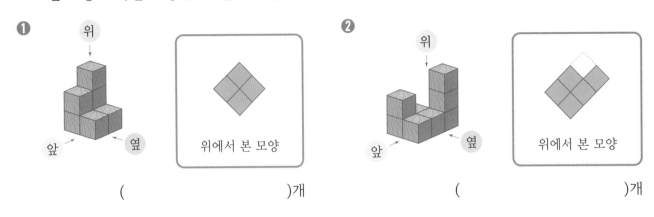

❶
위에서 본 모양

(   )개

❷
위에서 본 모양

(   )개

2 쌓기나무로 쌓은 모양과 이를 위에서 본 모양입니다. 앞과 옆에서 본 모양을 각각 그려 보세요.

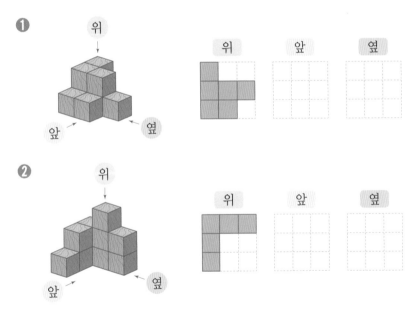

❶ 위   앞   옆

❷ 위   앞   옆

3 쌓기나무로 쌓은 모양을 위, 앞, 옆에서 본 모양입니다. 똑같은 모양으로 쌓는 데 필요한 쌓기나무의 개수를 구해 보세요.

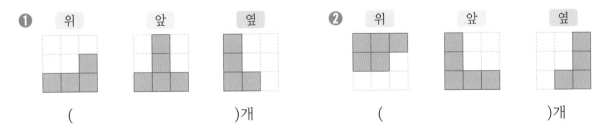

❶ 위   앞   옆

(   )개

❷ 위   앞   옆

(   )개

4 쌓기나무로 쌓은 모양을 보고 위에서 본 모양에 수를 써 보세요.

❶

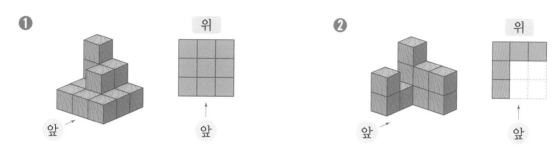

위

앞 → 앞

❷

위

앞 → 앞

5 쌓기나무로 쌓은 모양을 보고 위에서 본 모양에 수를 썼습니다. 앞, 옆에서 본 모양을 그려 보세요.

❶

위

2		
2	3	1
1	1	

← 옆

↑
앞

앞   옆

❷

위

	2	
2	1	
1	2	3

← 옆

↑
앞

앞   옆

6 쌓기나무로 쌓은 모양을 보고 1층과 2층 모양을 각각 그려 보세요.

❶

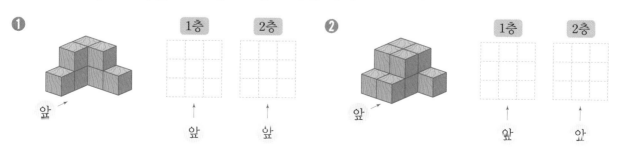

앞 →

1층   2층

↑   ↑
앞   앞

❷

앞 →

1층   2층

↑   ↑
앞   앞

단원 평가

1 돌하르방을 여러 방향에서 보고 찍은 사진입니다. 각 사진을 찍은 위치를 찾아 써 보세요.

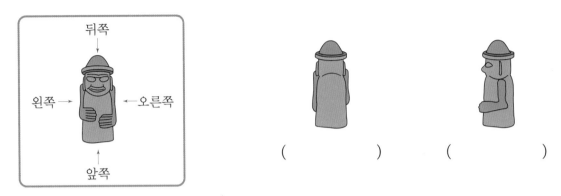

(   )   (   )

2 주어진 모양과 똑같이 쌓는 데 필요한 쌓기나무의 개수가 더 많은 것의 기호를 써 보세요.

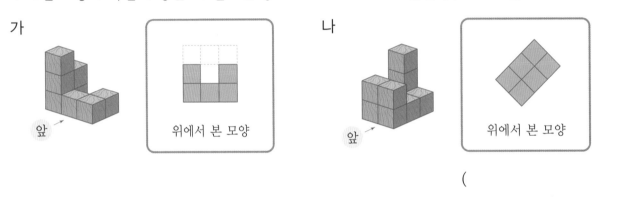

가

위에서 본 모양

나

위에서 본 모양

(   )

3 쌓기나무로 쌓은 모양을 앞에서 본 모양을 그렸습니다. 관계있는 것끼리 이어 보세요.

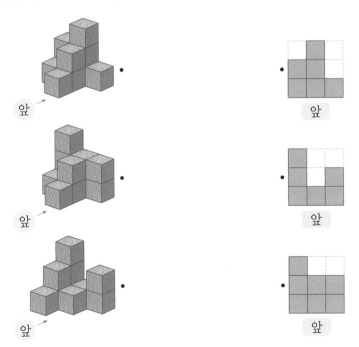

4 쌓기나무로 쌓은 모양을 위, 앞, 옆에서 본 모양입니다. 똑같은 모양을 만드는 데 필요한 쌓기나무는 몇 개인지 구해 보세요.

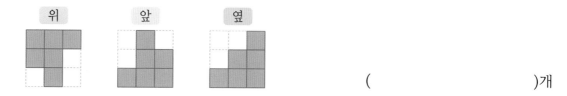

(   )개

5 쌓기나무로 쌓은 모양을 보고 위에서 본 모양의 각 자리에 쌓은 쌓기나무의 개수를 써넣고, 똑같은 모양으로 쌓는 데 필요한 쌓기나무의 개수를 구해 보세요.

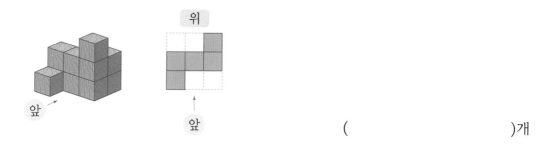

(   )개

6 쌓기나무 10개로 쌓은 모양입니다. 앞에서 본 모양과 옆에서 본 모양이 같아지도록 쌓기나무 1개를 더 쌓으려고 합니다. 쌓아야 하는 위치에 ◯표 하세요.

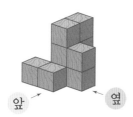

7 쌓기나무로 쌓은 모양을 층별로 나타낸 모양을 보고 쌓은 모양을 찾아 기호를 써 보세요.

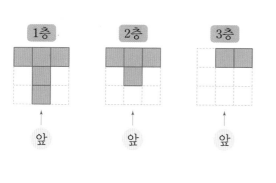

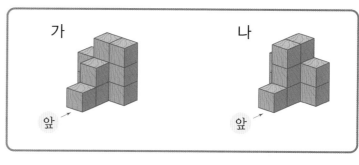

(   )

실력 키우기

1 다음과 같이 윗면에 구멍이 있는 상자에 쌓기나무를 붙여서 만든 모양을 넣으려고 합니다. 상자에 넣을 수 있는 모양을 모두 찾아 기호를 써 보세요.

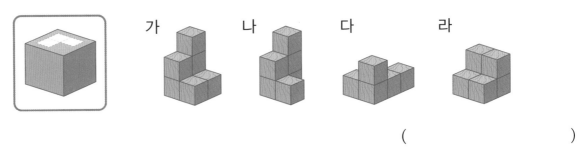

(   )

2 쌓기나무로 쌓은 모양을 위, 앞, 옆에서 본 모양입니다. ㉠ 자리에 쌓은 쌓기나무는 몇 개인지 구해 보세요.

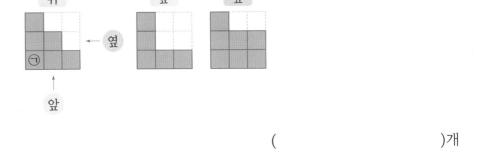

(   )개

3 쌓기나무 10개씩을 사용하여 조건을 모두 만족하도록 쌓았습니다. 나 모양을 위에서 본 모양에 수를 써서 나타내어 보세요.

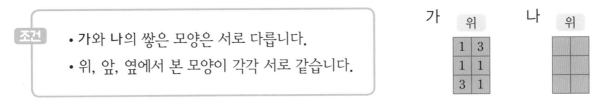

4 쌓기나무로 쌓은 모양을 층별로 나타낸 모양을 보고 위, 앞, 옆에서 본 모양을 각각 그려 보세요.

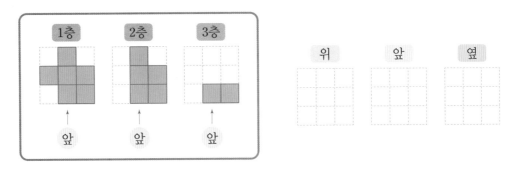

4. 비례식과 비례배분

- 비의 성질

- 간단한 자연수의 비로 나타내기

- 비례식

- 비례식의 성질

- 비례식의 활용

- 비례배분

비의 성질

- 비 2 : 3에서 기호 ':' 앞에 있는 2를 전항, 뒤에 있는 3을 후항이라고 합니다.
- 비의 전항과 후항에 0이 아닌 같은 수를 곱하여도 비율은 같습니다.

$$2 : 3 \Rightarrow \frac{2}{3}$$
$$4 : 6 \Rightarrow \frac{4}{6} = \frac{2}{3}$$
비율이 같습니다.

$$\begin{array}{c} \overset{\times 2}{\overbrace{\qquad}} \\ 2 : 3 \Rightarrow 4 : 6 \\ \underset{\times 2}{\underbrace{\qquad}} \end{array}$$

- 비의 전항과 후항을 0이 아닌 같은 수로 나누어도 비율은 같습니다.

$$12 : 18 \Rightarrow \frac{12}{18} = \frac{2}{3}$$
$$2 : 3 \Rightarrow \frac{2}{3}$$
비율이 같습니다.

$$\begin{array}{c} \overset{\div 6}{\overbrace{\qquad}} \\ 12 : 18 \Rightarrow 2 : 3 \\ \underset{\div 6}{\underbrace{\qquad}} \end{array}$$

1 비에서 전항과 후항을 찾아 써 보세요.

❶
$$3 : 5$$
전항 (   )
후항 (   )

❷
$$11 : 6$$
전항 (   )
후항 (   )

2 비의 성질을 이용하여 비율이 같은 비를 구하려고 합니다. □ 안에 알맞은 수를 써넣으세요.

❶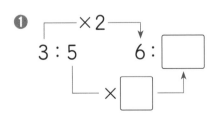

❷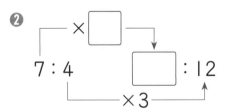

❸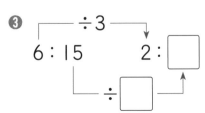

❹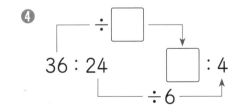

3 비의 성질을 이용하여 비율이 같은 비를 찾아 선으로 이어 보세요.

4 비의 전항과 후항에 0이 아닌 수를 곱하여 4 : 5와 비율이 같은 비를 2개 써 보세요.

(,   )

5 비의 비율이 모두 같도록 ㉠과 ㉡에 알맞은 수를 각각 구해 보세요.

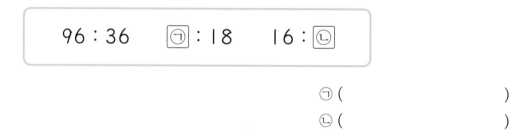

㉠ (   )
㉡ (   )

6 가로와 세로의 비가 2 : 1과 비율이 같은 직사각형을 모두 찾아 기호를 써 보세요.

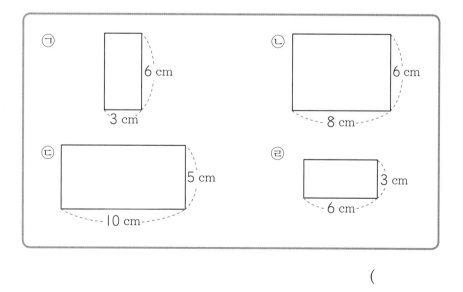

(   )

간단한 자연수의 비로 나타내기

- **자연수의 비를 간단한 자연수의 비로 나타내기**

전항과 후항을 두 수의 최대공약수로 나눕니다.

$$30 : 24 \xrightarrow{\div 6} 5 : 4$$

- **소수의 비를 간단한 자연수의 비로 나타내기**

전항과 후항에 10, 100, 1000······을 곱하여 자연수의 비로 나타낸 다음 전항과 후항을 두 수의 최대공약수로 나눕니다.

$$0.21 : 1.4 \xrightarrow{\times 100} 21 : 140 \;\Rightarrow\; 21 : 140 \xrightarrow{\div 7} 3 : 20$$

- **분수의 비를 간단한 자연수의 비로 나타내기**

전항과 후항에 분모의 최소공배수를 곱하여 자연수의 비로 나타낸 다음 전항과 후항을 두 수의 최대공약수로 나눕니다.

$$\frac{2}{3} : \frac{4}{5} \xrightarrow{\times 15} 10 : 12 \;\Rightarrow\; 10 : 12 \xrightarrow{\div 2} 5 : 6$$

1 □ 안에 알맞은 수를 써넣어 간단한 자연수의 비로 나타내어 보세요.

❶
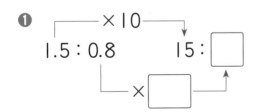

❷
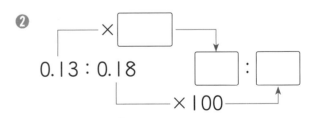

❸
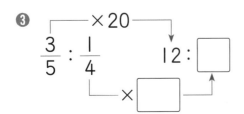

❹
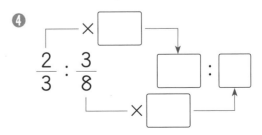

2 $1.2 : \dfrac{1}{2}$ 을 간단한 자연수의 비로 나타내려고 합니다. 물음에 답하세요.

❶ 후항을 소수로 바꾸어 간단한 자연수의 비로 나타내기

$1.2 : \dfrac{1}{2}$ ➡ $1.2 : \boxed{}$ ➡ $\boxed{} : \boxed{}$

❷ 전항을 분수로 바꾸어 간단한 자연수의 비로 나타내기

$1.2 : \dfrac{1}{2}$ ➡ $\dfrac{\boxed{}}{10} : \dfrac{1}{2}$ ➡ $\boxed{} : \boxed{}$

3 간단한 자연수의 비로 나타내어 보세요.

❶ $36 : 42$ ➡ (   )   ❷ $0.4 : 4.8$ ➡ (   )

❸ $\dfrac{2}{3} : \dfrac{3}{7}$ ➡ (   )   ❹ $0.7 : \dfrac{1}{5}$ ➡ (   )

4 간단한 자연수의 비로 나타낼 때 1 : 4로 나타낼 수 있는 것을 모두 찾아 ○표 하세요.

$32 : 8$	$0.01 : 0.04$	$\dfrac{1}{5} : \dfrac{12}{15}$
( )	( )	( )

5 세진이와 정우는 1시간 동안 수학 공부를 하였습니다. 세진이는 전체의 $\dfrac{2}{5}$ 만큼, 정우는 전체의 0.6만큼 문제를 풀었습니다. 세진이와 정우가 각각 1시간 동안 푼 문제 양의 비를 간단한 자연수의 비로 나타내어 보세요.

(   )

6 주혜는 딸기 3 kg과 설탕 2.5 kg을 넣어서 딸기 잼을 만들었습니다. 딸기 잼을 만들 때 사용한 딸기의 양과 설탕의 양의 비를 간단한 자연수의 비로 나타내어 보세요.

(   )

비례식

• 비례식: 비율이 같은 두 비를 기호 '='를 사용하여 2 : 3 = 6 : 9와 같이 나타내는 식

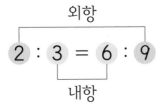

비례식 2 : 3 = 6 : 9에서
바깥쪽에 있는 2와 9를 외항이라고 하고,
안쪽에 있는 3과 6을 내항이라고 합니다.

1 □ 안에 알맞은 말을 써넣으세요.

> 비율이 같은 두 비를 기호 '='를 사용하여
>
> 4 : 3 = 8 : 6과 같이 나타낸 식을 [   ](이)라고 합니다.

2 비례식을 보고 외항과 내항을 찾아 써 보세요.

❶
> 1 : 3 = 3 : 9

외항 (   )
내항 (   )

❷
> 5 : 4 = 25 : 20

외항 (   )
내항 (   )

3 비례식을 바르게 나타낸 것을 모두 찾아 ○표 하세요.

> 7 : 2 = 14 : 9   (   )

> 3 : 8 = 21 : 56   (   )

> 2 : 11 = 0.2 : 1.1   (   )

4 비례식을 보고 옳은 설명에 ○표, <u>잘못된</u> 설명에 ✕표 하세요.

$$4 : 3 = 16 : 12$$

❶ 비율은 $\frac{3}{4}$입니다. (   )

❷ 내항은 3과 16입니다. (   )

❸ 외항은 3과 12입니다. (   )

5 비율이 같은 비를 찾아 비례식을 세우려고 합니다. □ 안에 알맞은 비를 찾아 기호를 써 보세요.

$$7 : 5 = \boxed{}$$

ㄱ 5 : 7   ㄴ 28 : 15   ㄷ 35 : 25

(   )

6 비율이 같은 두 비를 찾아 비례식을 세워 보세요.

5 : 2   15 : 9   4 : 10   5 : 3   6 : 10

(   )

7 두 비율로 비례식을 세워 보세요.

$$\frac{4}{7} = \frac{16}{28}$$

(   )

비례식의 성질

비례식에서 외항의 곱과 내항의 곱은 같습니다.

$$3 \times 10 = 30$$

$$3 : 5 = 6 : 10$$ ➡ 외항의 곱과 내항의 곱은 30으로 같습니다.

$$5 \times 6 = 30$$

1 비례식의 성질을 이용하여 다음 식이 비례식인지 알아보려고 합니다. 물음에 답하세요.

$$2 : 7 = 4 : 14$$

❶ 외항의 곱과 내항의 곱을 각각 구해 보세요.

외항의 곱 (   )

내항의 곱 (   )

❷ 알맞은 말에 ○표 하세요.

$$2 : 7 = 4 : 14$$ 는 (비례식입니다 , 비례식이 아닙니다).

2 비례식을 찾아 ○표 하세요.

$$6 : 5 = \frac{1}{5} : \frac{1}{6}$$

$$10 : 30 = 9 : 3$$

(   )   (   )

3 비례식의 성질을 이용하여 □ 안에 알맞은 수를 써넣으세요.

❶ $1 : 3 = \boxed{} : 6$

❷ $2 : \boxed{} = 10 : 45$

❸ $3 : 10 = 2.4 : \boxed{}$

❹ $\dfrac{1}{2} : \dfrac{2}{3} = \boxed{} : 4$

4 외항의 곱이 80일 때, ㉠과 ㉡에 알맞은 수를 구해 보세요.

$$㉠ : ㉡ = 5 : 8$$

㉠ (   )

㉡ (   )

5 □ 안에 들어갈 수가 더 작은 비례식의 기호를 써 보세요.

$$㉠ \ \boxed{} : 100 = 1 : 25$$
$$㉡ \ 4 : 15 = \boxed{} : 30$$

(   )

6 수 카드 중에서 4장을 골라 비례식을 1개 만들어 보세요.

| 2 | 3 | 4 | 6 | 8 | 9 |

(   )

비례식의 활용

4분 동안 10 L의 물이 일정하게 나오는 수도로 40 L들이의 물통을 가득 채우는 데 걸리는 시간 구하기

❶ 구하려는 것을 □라고 놓기

➡ 물통을 가득 채우는 데 걸리는 시간을 □분이라고 놓습니다.

❷ □를 이용하여 비례식 세우기

➡ 4 : 10 = □ : 40

❸ □의 값 구하기

방법1 비례식의 성질 이용하기

비례식에서 외항과 내항의 곱은 같습니다.

4×40=10×□, □=16

방법2 비의 성질 이용하기

$$4 : 10 \quad □ : 40, □=4×4=16$$

×4, ×4

❹ 답 구하기

➡ 40 L들이의 물통을 가득 채우는 데 걸리는 시간은 16분입니다.

1 문제를 읽고 물음에 답하세요.

> 과자가 3개에 2000원입니다. 똑같은 과자 9개의 가격은 얼마인가요?

❶ 똑같은 과자 9개의 가격을 □원이라 놓고 비례식을 바르게 세운 것을 찾아 ○표 하세요.

$$3 : 2000 = □ : 9$$

$$3 : 2000 = 9 : □$$

(   )   (   )

❷ 과자 9개의 가격은 얼마인가요?

(   )원

2 소망초등학교 6학년 남학생 수와 여학생 수의 비는 5 : 4입니다. 남학생이 100명이면 여학생은 몇 명인지 구하려고 합니다. 물음에 답하세요.

❶ 여학생 수를 ☐명이라 하고 비례식을 세워 보세요.

(   )

❷ 여학생은 몇 명인가요?

(   )명

3 문방구에서 공책 2권을 900원에 판매할 때, 공책 10권의 가격은 얼마인가요?

(   )원

4 높이가 8 m인 건물의 그림자 길이가 4 m입니다. 같은 시각, 같은 장소에 생긴 나무의 그림자 길이가 2 m라면 나무의 높이는 몇 m인가요?

(   ) m

5 휘발유 5 L로 60 km를 갈 수 있는 자동차가 있습니다. 이 자동차로 300 km를 달리려면 휘발유가 몇 L 필요한지 필요한 희발유의 양을 ☐ L라 하여 비례식을 세우고 답을 구해 보세요.

비례식 _____

답 _____ L

6 어느 영화관의 어른과 초등학생의 입장료의 비는 6 : 5입니다. 어른의 입장료가 15000원일 때, 초등학생의 입장료는 얼마인지 풀이 과정을 쓰고 답을 구해 보세요.

풀이 _____

_____

답 _____ 원

비례배분

- 비례배분: 전체를 주어진 비로 배분하는 것

- **전체를 ㉠ : ㉡ = ■ : ▲로 비례배분하는 방법**

$$㉠ = (전체) \times \frac{■}{■ + ▲}, \quad ㉡ = (전체) \times \frac{▲}{■ + ▲}$$

- **10을 2 : 3으로 나누기**

$$10 \times \frac{2}{2+3} = 4, \quad 10 \times \frac{3}{2+3} = 6 \implies 10을 2 : 3으로 나누면 4와 6입니다.$$

1 귤 9개를 세희와 정후가 1 : 2로 나누어 가지려고 합니다. 세희와 정후가 각각 몇 개를 가져야 하는지 그림으로 나타내고 □ 안에 알맞은 수를 써넣으세요.

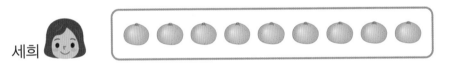

세희   정후

❶ 세희가 갖는 귤은 전체 □개의 □/□ 이므로 □개입니다.

❷ 정후가 갖는 귤은 전체 □개의 □/□ 이므로 □개입니다.

2 27을 4 : 5로 비례배분해 보세요.

$$27 \times \frac{4}{4 + \boxed{}} = 27 \times \frac{\boxed{}}{\boxed{}} = \boxed{}$$

$$27 \times \frac{\boxed{}}{4 + \boxed{}} = 27 \times \frac{\boxed{}}{\boxed{}} = \boxed{}$$

3 6000원을 동생과 누나에게 2 : 3으로 나누어 주려고 합니다. 동생과 누나가 갖는 돈은 각각 얼마인지 구해 보세요.

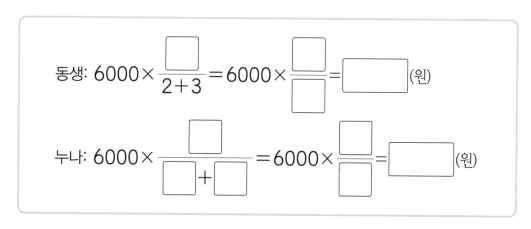

4 120 cm짜리 끈을 학생 수에 따라 두 모둠이 나누어 가지려고 합니다. 세정이네 모둠은 5명, 연정이네 모둠은 3명일 때 각 모둠은 끈을 몇 cm씩 가지게 되는지 구해 보세요.

세정이네 모둠 (   ) cm

연정이네 모둠 (   ) cm

5 삼각형 ㄱㄴㄷ의 넓이는 35 cm²입니다. 삼각형 ㄱㄴㄹ의 넓이와 삼각형 ㄱㄹㄷ의 넓이는 각각 몇 cm²인지 구해 보세요.

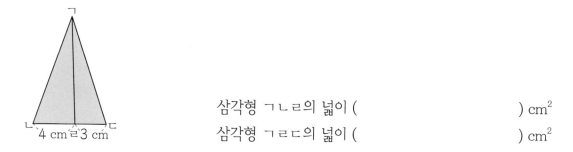

삼각형 ㄱㄴㄹ의 넓이 (   ) cm²

삼각형 ㄱㄹㄷ의 넓이 (   ) cm²

6 희망초등학교 6학년 학생 중 안경을 쓴 학생과 안경을 쓰지 않은 학생의 비가 1 : 4입니다. 6학년 학생이 모두 190명이라면 안경을 쓴 학생과 안경을 쓰지 않은 학생은 각각 몇 명인지 구해 보세요.

안경을 쓴 학생 (   )명

안경을 쓰지 않은 학생 (   )명

연습 문제

[1~4] 전항에 ○표, 후항에 △표 하세요.

1 11 : 6

2 0.2 : 1.5

3 87 : 51

4 $\dfrac{2}{7}$: 7.5

[5~8] 간단한 자연수의 비로 나타내어 보세요.

5 2 : 18

6 1.8 : 0.9

7 $\dfrac{2}{9}$: $\dfrac{2}{3}$

8 1.5 : $\dfrac{3}{4}$

[9~12] 외항에 ○표, 내항에 △표 하세요.

9 2 : 5 = 4 : 10

10 4 : 15 = 12 : 45

11 7 : 5 = 56 : 40

12 2.5 : 7.5 = 10 : 30

[13~16] 비의 성질을 이용하여 비례식을 만들려고 합니다. □ 안에 알맞은 수를 써넣으세요.

13
$\times 10$
1 : 1.5 = 10 : □
$\times$ □

14
$\times 3$
8 : 13 = □ : □
$\times$ □

15
$\div 4$
28 : 20 = 7 : □
$\div$ □

16
$\div 15$
60 : 15 = □ : □
$\div$ □

[17~19] 비율이 같은 두 비를 찾아 비례식으로 나타내어 보세요.

17 | 1 : 8   3 : 16   3 : 24   8 : 42 | ➡ (   )

18 | 12 : 4   5 : 3   40 : 12   15 : 9 | ➡ (   )

19 | 18 : 5   24 : 2   36 : 6   6 : 1 | ➡ (   )

[20~25] 비례식의 성질을 이용하여 □ 안에 알맞은 수를 써넣으세요.

20 $8 : 3 = \square : 9$

21 $7 : \square = 14 : 60$

22 $3.6 : 1.2 = 6 : \square$

23 $0.21 : 0.07 = \square : 1$

24 $\dfrac{1}{4} : \dfrac{2}{7} = \square : 8$

25 $\dfrac{2}{5} : \square = \dfrac{1}{3} : 5$

[26~28] □ 안의 수를 주어진 비로 비례배분하려고 합니다. □ 안에 알맞은 수를 써넣으세요.

26 | 12 | | 1 : 5 | ➡ (,   )

27 | 20 | | 3 : 2 | ➡ (,   )

28 | 150 | | 4 : 1 | ➡ (,   )

단원 평가

1 비례식 1 : 3 = 3 : 9에 대하여 바르게 설명한 것을 모두 찾아 기호를 써 보세요.

> ㉠ 전항은 1, 9입니다.
> ㉡ 외항은 1, 9입니다.
> ㉢ 내항은 1, 3입니다.
> ㉣ 1 : 3과 3 : 9의 비율은 $\frac{1}{3}$로 같습니다.

(   )

2 비의 성질을 이용하여 □ 안에 알맞은 수를 써넣으세요.

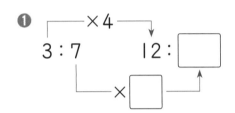

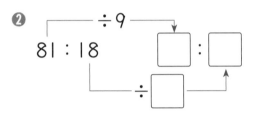

3 간단한 자연수의 비로 나타낸 것을 찾아 선으로 이어 보세요.

$\frac{7}{9} : \frac{1}{6}$ •

$\frac{3}{20} : 0.6$ •

 • 1 : 4

 • 14 : 3

4 비례식이 <u>아닌</u> 것을 찾아 기호를 써 보세요.

> ㉠ 1 : 6 = 2 : 12   ㉡ 0.5 : 0.8 = 10 : 16
> ㉢ 72 : 63 = 7 : 9   ㉣ $\frac{1}{4} : \frac{1}{6} = 3 : 2$

(   )

5 비례식에서 외항의 곱과 내항의 곱을 각각 구하고, 비례식의 성질을 설명해 보세요.

$$2 : 5 = 10 : 25$$

• 외항의 곱: ☐ × ☐ = ☐   • 내항의 곱: ☐ × ☐ = ☐

비례식의 성질: _____

6 비례식의 성질을 이용하여 ●, ▲에 알맞은 수의 합을 구해 보세요.

$$3 : ● = 9 : 21$$ $$▲ : 4 = 7 : 2$$

(   )

7 텔레비전 화면의 가로와 세로의 비는 16 : 9입니다. 텔레비전의 가로가 128 cm일 때, 세로는 몇 cm인가요?

(   ) cm

8 45를 2 : 7로 나누려고 합니다. 풀이 과정을 쓰고 답을 구해 보세요.

[풀이] _____

_____

[답] _____

9 색종이 108장을 학생 수에 따라 두 모둠에 나누어 주려고 합니다. 형식이네 모둠은 5명, 서준이네 모둠은 7명이라면 색종이를 몇 장씩 나누어 주어야 하는지 구해 보세요.

형식이네 모둠 (   )장

서준이네 모둠 (   )장

실력 키우기

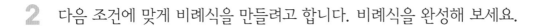

1 $\dfrac{2}{5}$: $\dfrac{\bigstar}{15}$ 을 간단한 자연수의 비로 나타내었더니 6 : 11이 되었습니다. ★을 구해 보세요.

(   )

2 다음 조건에 맞게 비례식을 만들려고 합니다. 비례식을 완성해 보세요.

- 비율은 $\dfrac{2}{3}$ 입니다.
- 오른쪽 비는 왼쪽 비의 전항과 후항에 5를 곱했습니다.

$\boxed{}$: 3 = $\boxed{}$: $\boxed{}$

3 삼각형의 높이와 밑변의 길이의 비는 2 : 3입니다. 이 삼각형의 넓이는 몇 cm²인가요?

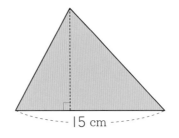

15 cm

(   ) cm²

4 가로가 30 m, 세로가 18 m인 직사각형 모양의 밭이 있습니다. 넓이의 비가 2 : 1이 되도록 나누어 오이와 가지를 키우려고 합니다. 가지 밭의 넓이는 몇 m²인가요?

(   ) m²

5 어느 날 낮과 밤의 길이가 7 : 5라면 낮은 밤보다 몇 시간 더 긴지 풀이 과정을 쓰고 답을 구해 보세요.

풀이 _____

_____

답 _____ 시간

5. 원의 넓이

- 원주와 지름의 관계

- 원주율

- 원주와 지름 구하기

- 원의 넓이 어림하기

- 원의 넓이 구하는 방법

- 여러 가지 원의 넓이 구하기

원주와 지름의 관계

- 원주: 원의 둘레

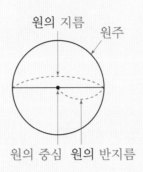

원의 지름

원주

원의 중심 원의 반지름

- **정다각형을 이용하여 지름과 원주 비교하기**

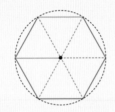   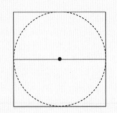

(정육각형의 둘레)=(원의 지름)×3   (정사각형의 둘레)=(원의 지름)×4

➡ (원의 지름)×3 < (원주)   ➡ (원주) < (원의 지름)×4

원주는 원의 지름의 3배보다 길고, 원의 지름의 4배보다 짧습니다.

1 그림을 보고 □ 안에 알맞은 말을 써넣으세요.

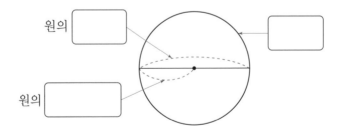

원의 [   ]

[   ]

원의 [   ]

2 원을 보고 설명이 맞으면 ○표, 틀리면 ✕표 하세요.

  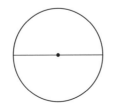

❶ 원의 크기가 커지면 원주도 길어집니다. (   )

❷ 원의 지름이 짧아지면 원주도 짧아집니다. (   )

❸ 원의 크기는 달라도 원주는 항상 같습니다. (   )

3 정육각형의 둘레와 원의 지름을 비교하였습니다. 물음에 답하세요.

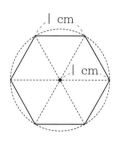

❶ 정육각형의 한 변과 원의 반지름에 빨간색 선을 그어 표시해 보세요.

❷ 정육각형의 둘레를 수직선에 표시해 보세요.

❸ 정육각형의 둘레는 원의 지름의 몇 배인지 써 보세요.

(   )배

4 정사각형의 둘레와 원의 지름을 비교하였습니다. 물음에 답하세요.

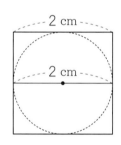

❶ 정사각형의 한 변과 원의 지름에 빨간색 선을 그어 표시해 보세요.

❷ 정사각형의 둘레를 수직선에 표시해 보세요.

❸ 정사각형의 둘레는 원의 지름의 몇 배인지 써 보세요.

(   )배

5 그림을 보고 ☐ 안에 알맞은 수를 써넣으세요.

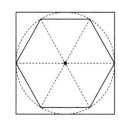

원주는 지름의 ☐ 배보다 길고 ☐ 배보다 짧습니다.

원주율

- 원주율: 원의 지름에 대한 원주의 비율

$$(원주율) = (원주) \div (지름)$$

- 원주율은 항상 일정합니다.
- 원주율을 소수로 나타내면 3.1415926535897932……와 같이 끝없이 이어지므로 필요에 따라 3, 3.1, 3.14 등으로 어림하여 사용하기도 합니다.

1 원의 지름에 대한 원주의 비율을 무엇이라고 하는지 써 보세요.

(   )

2 □ 안에 알맞은 말을 써넣으세요.

$$(원주율) = (\boxed{}) \div (\boxed{})$$

3 원주와 지름의 관계를 나타낸 표입니다. 빈칸에 알맞은 수를 써넣으세요.

원주(cm)	지름(cm)	(원주)÷(지름)
6.28	2	
15.7	5	

4 다음 중 설명이 옳은 것을 찾아 기호를 써 보세요.

> ㉠ 원의 둘레를 원주율이라고 합니다.
> ㉡ 원주율을 소수로 나타내면 정확히 3.14입니다.
> ㉢ 원의 크기와 관계없이 (원주)÷(지름)의 값은 일정합니다.

(   )

5 (원주)÷(지름)을 반올림하여 주어진 자리까지 나타내어 보세요.

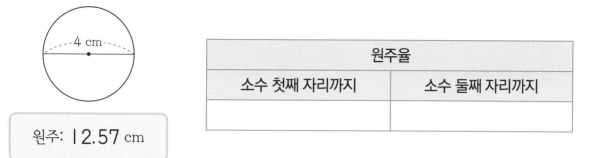

원주: 12.57 cm

원주율	
소수 첫째 자리까지	소수 둘째 자리까지

6 지름이 6 cm인 원판을 만들고 자 위에서 한 바퀴 굴렸습니다. 원판의 원주가 얼마쯤 될지 자에 ↓로 표시해 보세요.

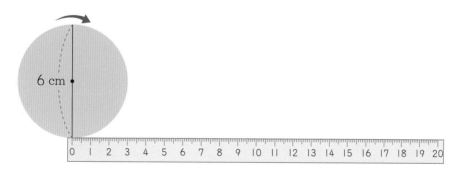

7 크기가 서로 다른 원이 있습니다. 각 원의 (원주)÷(지름)을 비교하여 ○ 안에 >, =, <를 알맞게 써넣으세요.

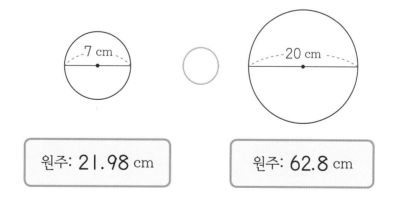

원주: 21.98 cm   원주: 62.8 cm

8 원주가 25.13 cm, 반지름은 4 cm인 원 모양의 거울이 있습니다. 원주율을 반올림하여 소수 둘째 자리까지 나타내어 보세요.

(   )

원주와 지름 구하기

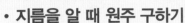

- **지름을 알 때 원주 구하기**

  ⑩ 지름이 10 cm일 때 원주 구하기

  (원주율: 3)

  (원주)=(지름)×(원주율)

  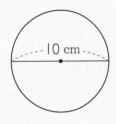

  ➡ (원주)=10×3=30 (cm)

- **원주를 알 때 지름 구하기**

  ⑩ 원주가 18.6 cm일 때 지름 구하기

  (원주율: 3.1)

  (지름)=(원주)÷(원주율)

  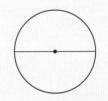

  원주: 18.6 cm

  ➡ (지름)=18.6÷3.1=6 (cm)

1 (원주율)=(원주)÷(지름)입니다. □ 안에 알맞은 말을 써넣으세요.

(원주)=(⬚)×(⬚)

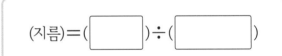

(지름)=(⬚)÷(⬚)

2 원주는 몇 cm인지 구해 보세요. (원주율: 3.1)

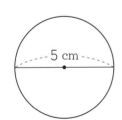

5 cm

(원주)=(지름)×(원주율)

= ⬚ ×3.1

= ⬚ (cm)

3 지름은 몇 cm인지 구해 보세요. (원주율: 3)

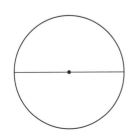

원주: 27 cm

(지름)=(원주)÷(원주율)

= ⬚ ÷3

= ⬚ (cm)

4 원주는 몇 cm인지 구해 보세요. (원주율: 3.14)

❶

6 cm

(   ) cm

❷

8 cm

(   ) cm

5 지름은 몇 cm인지 구해 보세요. (원주율: 3.1)

❶

원주: 12.4 cm

(   ) cm

❷

원주: 37.2 cm

(   ) cm

6 민지는 자전거를 타고 지름이 30 m인 원 모양의 트랙을 10바퀴 돌았습니다. 민지가 자전거를 타고 달린 거리는 몇 m인지 구해 보세요. (원주율: 3)

(   ) m

7 길이가 49.6 cm인 끈을 겹치지 않게 연결하여 원을 만들었습니다. 만들어진 원의 지름은 몇 cm인지 구해 보세요. (원주율: 3.1)

(   ) cm

8 동훈이는 지름이 15 cm인 피자를 만들고, 유섭이는 원주가 62 cm인 피자를 만들었습니다. 누가 만든 피자의 둘레가 더 긴지 풀이 과정을 쓰고 답을 구해 보세요. (원주율: 3.1)

풀이 _____

_____

답 _____

원의 넓이 어림하기

방법1 정사각형의 넓이를 이용하여 원의 넓이 어림하기

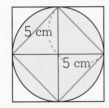 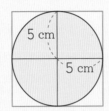

❶ (원 안에 있는 정사각형의 넓이)=10×10÷2=50 (cm²)

❷ (원 밖에 있는 정사각형의 넓이)=10×10=100 (cm²)

❸ 50 cm² < (반지름이 5 cm인 원의 넓이) < 100 cm²

방법2 모눈종이를 이용하여 원의 넓이 어림하기

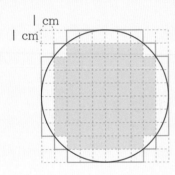

❶ 초록색 모눈의 수: 60칸 → 60 cm²

❷ 파란색 선 안쪽의 모눈의 수: 88칸 → 88 cm²

❸ 60 cm² < (반지름이 5 cm인 원의 넓이) < 88 cm²

---

1 반지름이 10 cm인 원의 넓이를 어림하려고 합니다. 물음에 답하세요.

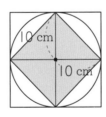 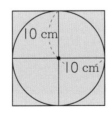

❶ 원 안과 밖에 있는 정사각형의 넓이를 구해 보세요.

(원 안에 있는 정사각형의 넓이)= ☐ × ☐ ÷ ☐ = ☐ (cm²)

(원 밖에 있는 정사각형의 넓이)= ☐ × ☐ = ☐ (cm²)

❷ 원의 넓이를 어림해 보세요.

☐ cm² < (반지름이 10 cm인 원의 넓이) < ☐ cm²

2 반지름이 4 cm인 원의 넓이를 어림해 보세요.

8 cm · 4 cm ➡ ☐ cm² < (반지름이 4 cm인 원의 넓이) < ☐ cm²

3 모눈을 이용하여 반지름이 6 cm인 원의 넓이를 어림해 보세요.

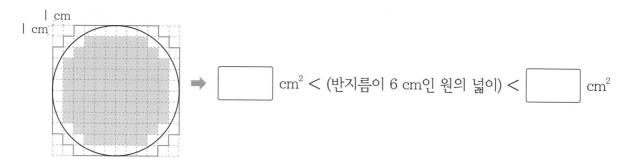

1 cm / 1 cm ➡ ☐ cm² < (반지름이 6 cm인 원의 넓이) < ☐ cm²

4 정육각형의 넓이를 이용하여 원의 넓이를 어림하려고 합니다. 물음에 답하세요.

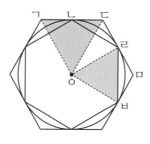

❶ 삼각형 ㄱㅇㄷ의 넓이가 12 cm²이면 원 밖의 정육각형의 넓이는 몇 cm²인가요?

(   ) cm²

❷ 삼각형 ㄹㅇㅂ의 넓이가 9 cm²이면 원 안의 정육각형의 넓이는 몇 cm²인가요?

(   ) cm²

❸ 원의 넓이는 몇 cm²라고 할 수 있나요?

(   ) cm²

원의 넓이 구하는 방법

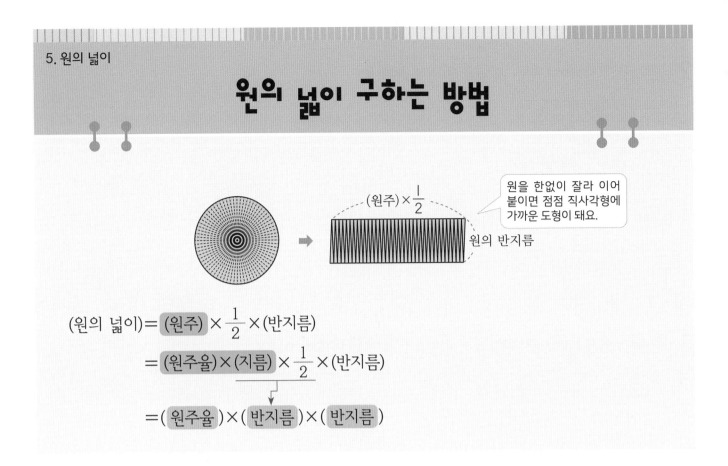

원을 한없이 잘라 이어 붙이면 점점 직사각형에 가까운 도형이 돼요.

(원주)×$\frac{1}{2}$

원의 반지름

(원의 넓이)= (원주) × $\frac{1}{2}$ ×(반지름)

= (원주율)×(지름) × $\frac{1}{2}$ ×(반지름)

=(원주율)×(반지름)×(반지름)

1 보기 를 보고 □ 안에 알맞은 말을 써넣으세요.

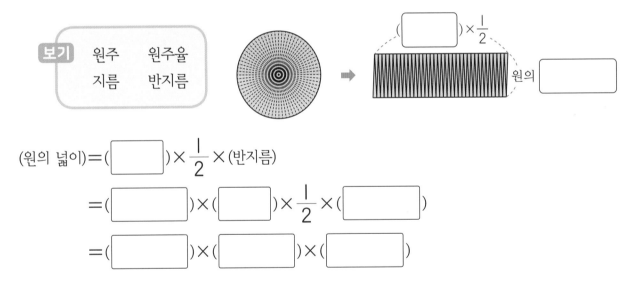

보기   원주   원주율
      지름   반지름

(□)×$\frac{1}{2}$

원의 □

(원의 넓이)=(□)× $\frac{1}{2}$ ×(반지름)

=(□)×(□)× $\frac{1}{2}$ ×(□)

=(□)×(□)×(□)

2 지름이 16 cm인 원을 한없이 잘게 잘라 이어 붙여서 점점 직사각형에 가까워지는 도형으로 바꾸었습니다. □ 안에 알맞은 수를 써넣으세요. (원주율: 3)

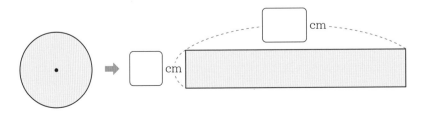

□ cm

□ cm

3 원의 넓이를 구하려고 합니다. □ 안에 알맞은 수를 써넣으세요. (원주율: 3.14)

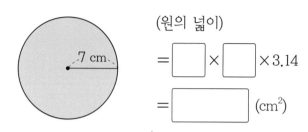

(원의 넓이)

$= \boxed{} \times \boxed{} \times 3.14$

$= \boxed{}$ (cm^2)

4 원의 넓이를 구해 보세요. (원주율: 3.1)

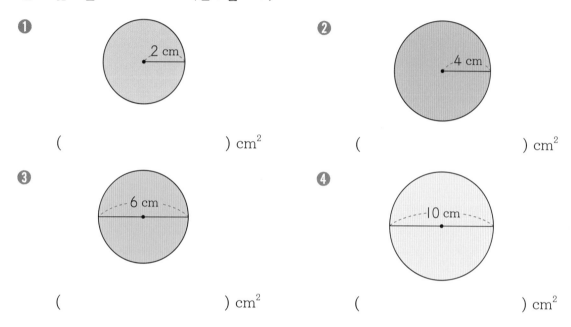

❶ 2 cm

(   ) cm^2

❷ 4 cm

(   ) cm^2

❸ 6 cm

(   ) cm^2

❹ 10 cm

(   ) cm^2

5 컴퍼스를 8 cm만큼 벌려서 원을 그렸습니다. 원의 넓이는 몇 cm^{2}인지 구해 보세요. (원주율: 3.1)

(   ) cm^2

6 넓이가 가장 넓은 원부터 차례대로 기호를 써 보세요. (원주율: 3)

> ㉠ 지름이 18 cm인 원
> ㉡ 반지름이 10 cm인 원
> ㉢ 원주가 48 cm인 원
> ㉣ 넓이가 147 cm^{2}인 원

(   )

여러 가지 원의 넓이 구하기

1 색칠한 부분의 넓이를 구하려고 합니다. □ 안에 알맞은 수를 써넣으세요. (원주율: 3.1)

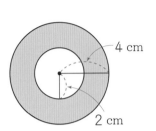

4 cm

2 cm

❶ (큰 원의 넓이)= ☐ × ☐ ×3.1 = ☐ (cm²)

❷ (작은 원의 넓이)= ☐ × ☐ ×3.1 = ☐ (cm²)

❸ (색칠한 부분의 넓이)= ☐ − ☐ = ☐ (cm²)

2 색칠한 부분의 넓이를 구하려고 합니다. □ 안에 알맞은 수를 써넣으세요. (원주율: 3.14)

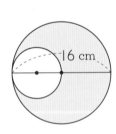

16 cm

❶ (큰 원의 넓이)= ☐ × ☐ ×3.14 = ☐ (cm²)

❷ (작은 원의 넓이)= ☐ × ☐ ×3.14 = ☐ (cm²)

❸ (색칠한 부분의 넓이)= ☐ − ☐ = ☐ (cm²)

3 색칠한 부분의 넓이를 구하려고 합니다. □ 안에 알맞은 수를 써넣으세요. (원주율: 3.1)

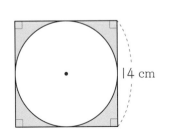

14 cm

(색칠한 부분의 넓이)

=(정사각형의 넓이) – (원의 넓이)

= ☐ × ☐ − ☐ × ☐ ×3.1

= ☐ − ☐ = ☐ (cm²)

4 색칠한 부분의 넓이를 구하려고 합니다. 물음에 답하세요. (원주율: 3.1)

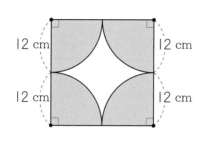

❶ 색칠한 부분의 넓이는 지름이 24 cm인 원 몇 개의 넓이와 같은 가요?

(   )개

❷ 색칠한 부분의 넓이를 구해 보세요.

(   ) cm²

5 색칠한 부분의 넓이를 구해 보세요. (원주율: 3)

❶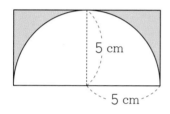

(   ) cm²

❷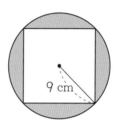

(   ) cm²

❸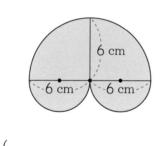

(   ) cm²

❹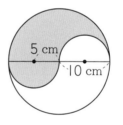

(   ) cm²

6 어느 운동장의 모양이 다음과 같을 때, 운동장의 넓이는 몇 m²인지 구해 보세요. (원주율: 3)

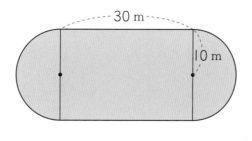

(   ) m²

연습 문제

[1~4] 원주를 구해 보세요. (원주율: 3.14)

1

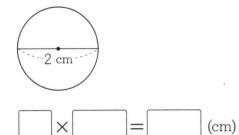

$\boxed{} \times \boxed{} = \boxed{}$ (cm)

2

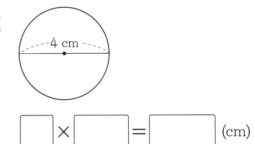

$\boxed{} \times \boxed{} = \boxed{}$ (cm)

3

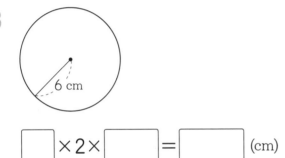

$\boxed{} \times 2 \times \boxed{} = \boxed{}$ (cm)

4

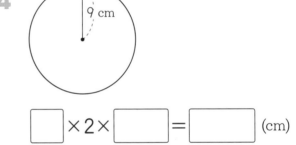

$\boxed{} \times 2 \times \boxed{} = \boxed{}$ (cm)

[5~8] 원주를 보고 지름을 구해 보세요. (원주율: 3.1)

5

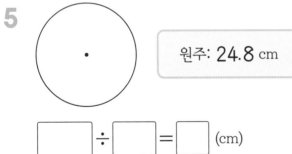

원주: 24.8 cm

$\boxed{} \div \boxed{} = \boxed{}$ (cm)

6

원주: 6.2 cm

$\boxed{} \div \boxed{} = \boxed{}$ (cm)

7

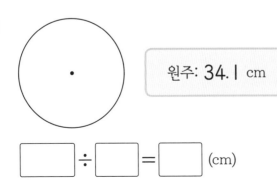

원주: 34.1 cm

$\boxed{} \div \boxed{} = \boxed{}$ (cm)

8

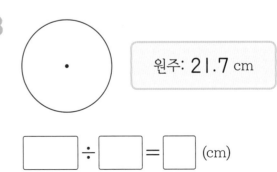

원주: 21.7 cm

$\boxed{} \div \boxed{} = \boxed{}$ (cm)

[9~12] 원의 넓이를 구해 보세요. (원주율: 3.1)

9

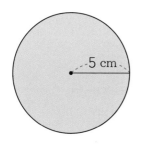

5 cm

$\boxed{} \times \boxed{} \times \boxed{} = \boxed{}$ (cm²)

10

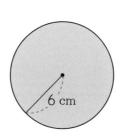

6 cm

$\boxed{} \times \boxed{} \times \boxed{} = \boxed{}$ (cm²)

11

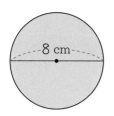

8 cm

$\boxed{} \times \boxed{} \times \boxed{} = \boxed{}$ (cm²)

12

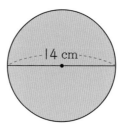

14 cm

$\boxed{} \times \boxed{} \times \boxed{} = \boxed{}$ (cm²)

[13~16] 색칠한 부분의 넓이를 구해 보세요. (원주율: 3.1)

13

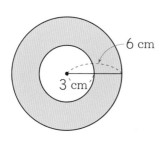

6 cm
3 cm

(   ) cm²

14

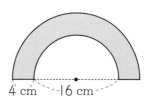

4 cm   16 cm

(   ) cm²

15

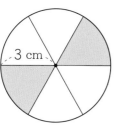

3 cm

(   ) cm²

16

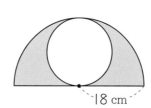

18 cm

(   ) cm²

단원 평가

1 다음 중 설명이 옳은 것을 모두 찾아 기호를 써 보세요.

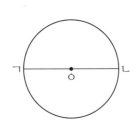

> ㉠ 원주는 원의 둘레입니다.
> ㉡ 원의 지름이 길어지면 원주도 길어집니다.
> ㉢ 원의 중심을 지나는 선분 ㄱㄴ은 원주입니다.
> ㉣ 원의 지름이 짧아져도 원주는 항상 일정합니다.

(   )

2 원주를 구해 보세요. (원주율: 3.1)

❶
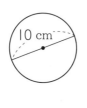
10 cm

(   ) cm

❷
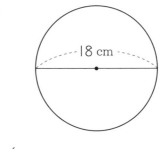
18 cm

(   ) cm

3 원주를 보고 원의 지름은 몇 cm인지 구해 보세요. (원주율: 3.1)

❶ | 원주가 43.4 cm인 원 |

(   ) cm

❷ | 원주가 24.8 cm인 원 |

(   ) cm

4 원의 넓이를 구해 보세요. (원주율: 3.1)

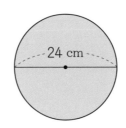
24 cm

(   ) cm²

5 반지름이 11 cm인 원의 원주와 넓이를 각각 구해 보세요. (원주율: 3.1)

원주 (   ) cm

넓이 (   ) cm²

6 두 원의 넓이의 차는 몇 cm²인지 구해 보세요. (원주율: 3.14)

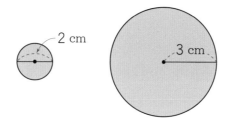

(   ) cm²

7 넓이가 가장 넓은 원부터 차례로 기호를 써 보세요. (원주율: 3.1)

> ㉠ 반지름이 3 cm인 원
> ㉡ 지름이 10 cm인 원
> ㉢ 넓이가 111.6 cm²인 원
> ㉣ 원주가 12.4 cm인 원

(   )

8 넓이가 198.4 cm²인 원의 반지름은 몇 cm인지 구해 보세요. (원주율: 3.1)

(   ) cm

9 색칠한 부분의 넓이는 몇 cm²인지 구해 보세요. (원주율: 3)

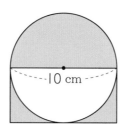

(   ) cm²

실력 키우기

1 큰 바퀴의 원주는 작은 바퀴의 원주의 3배입니다. 작은 바퀴의 원주가 21.7 cm일 때, 작은 바퀴와 큰 바퀴의 지름의 합은 몇 cm인지 구해 보세요. (원주율: 3.1)

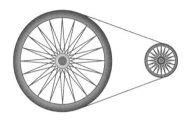

(   ) cm

2 원주가 62.8 cm인 파이를 밑면이 정사각형 모양의 상자에 담으려고 합니다. 이 상자의 밑면의 한 변의 길이는 적어도 몇 cm이어야 하는지 구해 보세요. (원주율: 3.14)

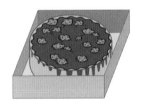

(   ) cm

3 길이가 93 cm인 종이띠를 겹치지 않게 붙여서 원을 만들었습니다. 만들어진 원의 넓이를 구해 보세요. (원주율: 3.1)

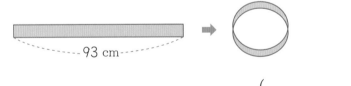

(   ) cm^2

4 색칠한 부분의 넓이는 몇 cm^{2}인지 구하는 풀이 과정을 쓰고 답을 구해 보세요. (원주율: 3.14)

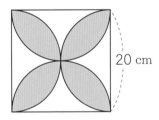

20 cm

풀이 _____

_____

답 _____ cm^2

6. 원기둥, 원뿔, 구

- 원기둥

- 원기둥의 전개도

- 원뿔

- 구

- 여러 가지 모양 만들기

원기둥

• 원기둥:  등과 같은 입체도형

• 원기둥에서 서로 평행하고 합동인 두 면을 밑면이라고 합니다.
• 두 밑면과 만나는 면을 옆면이라고 합니다.
  이 때 원기둥의 옆면은 굽은 면입니다.
• 두 밑면에 수직인 선분의 길이를 높이라고 합니다.

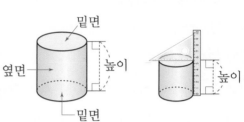

1 원기둥에서 각 부분의 이름을 써 보세요.

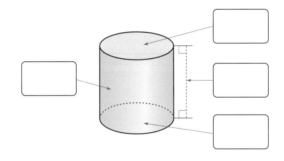

2 원기둥을 모두 찾아 ○표 하세요.

(   ) (   ) (   ) (   ) (   )

3 원기둥의 높이는 몇 cm인지 구해 보세요.

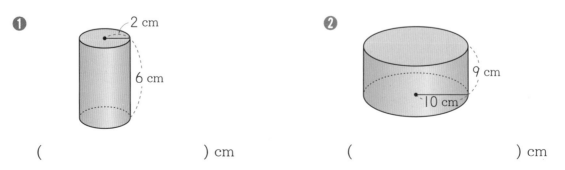

❶ 2 cm, 6 cm

❷ 9 cm, 10 cm

(   ) cm   (   ) cm

4 그림을 보고 물음에 답하세요.

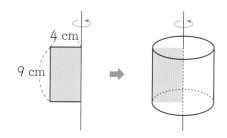

❶ 직사각형 모양의 종이를 한 변을 기준으로 돌려서 만든 입체도형의 이름을 써 보세요.

(   )

❷ 만들어진 입체도형의 밑면의 반지름과 높이를 구해 보세요.

밑면의 반지름 (   ) cm

높이 (   ) cm

5 원기둥과 각기둥의 공통점과 차이점에 대하여 바르게 설명한 것을 모두 찾아 기호를 써 보세요.

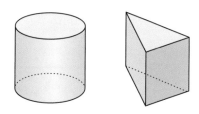

> ㉠ 원기둥과 각기둥에는 모두 꼭짓점이 있습니다.
> ㉡ 원기둥과 각기둥은 모두 두 밑면이 서로 평행하며 합동입니다.
> ㉢ 원기둥의 옆면은 굽은 면이고 각기둥의 옆면은 직사각형입니다.
> ㉣ 원기둥은 옆에서 본 모양이 원이고, 각기둥은 옆에서 본 모양이 직사각형입니다.

(   )

6 원기둥에 대한 설명을 보고 원기둥의 높이는 몇 cm인지 구해 보세요.

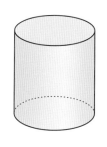

> 정현: 앞에서 본 모양은 정사각형이야.
> 예주: 위에서 본 모양은 반지름이 6 cm인 원이야.

(   ) cm

원기둥의 전개도

- 원기둥의 전개도: 원기둥을 잘라서 펼쳐 놓은 그림
- 원기둥의 전개도에서 밑면은 원 모양, 옆면은 직사각형 모양입니다.
- 옆면의 가로의 길이는 원기둥의 밑면의 둘레와 같고, 옆면의 세로의 길이는 원기둥의 높이와 같습니다.

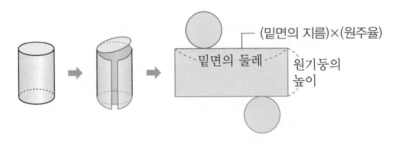

1 원기둥의 전개도를 보고 □ 안에 알맞은 말을 써넣으세요.

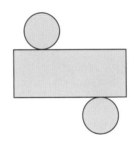

❶ 원기둥의 전개도에서 밑면은 ☐ 개이고, ☐ 모양입니다.

❷ 원기둥의 전개도에서 옆면은 ☐ 개이고, ☐ 모양입니다.

2 원기둥의 전개도이면 ○표, 원기둥의 전개도가 아니면 ✕표 하세요.

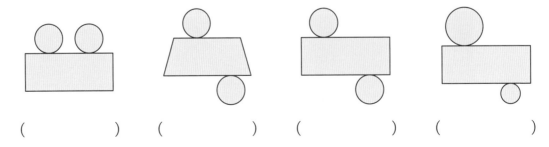

(   )   (   )   (   )   (   )

3 밑면의 둘레와 같은 길이의 선분을 모두 찾아 빨간색 선으로 표시하고, 원기둥의 높이와 같은 선분을 모두 찾아 파란색 선으로 표시해 보세요.

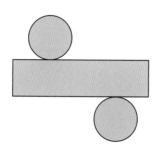

4 원기둥과 원기둥의 전개도를 보고 □ 안에 알맞은 수를 써넣으세요. (원주율: 3.1)

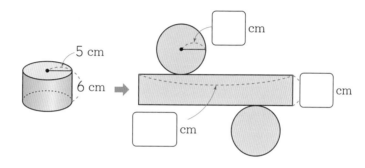

5 원기둥의 전개도를 보고 이 원기둥의 밑면의 반지름은 몇 cm인지 구해 보세요. (원주율: 3)

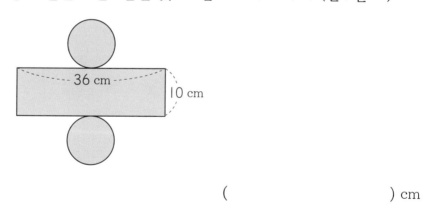

(   ) cm

6 한 변을 기준으로 직사각형 모양의 종이를 돌려 만든 원기둥을 펼쳐 전개도를 만들었을 때, 옆면의 가로의 길이와 세로의 길이를 각각 구해 보세요. (원주율: 3)

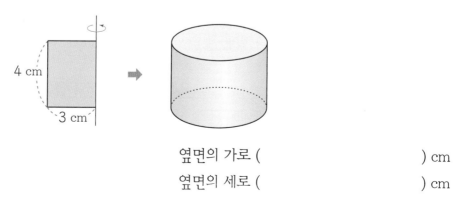

옆면의 가로 (   ) cm
옆면의 세로 (   ) cm

원뿔

- 원뿔:  등과 같은 입체도형

- 원뿔에서 평평한 면을 밑면, 옆을 둘러싼 굽은 면을 옆면이라고 합니다.
- 원뿔에서 뾰족한 부분의 점을 원뿔의 꼭짓점이라고 합니다.
- 원뿔의 꼭짓점과 밑면인 원의 둘레의 한 점을 이은 선분을 모선이라고 합니다.
- 원뿔의 꼭짓점에서 밑면에 수직인 선분의 길이를 높이라고 합니다.

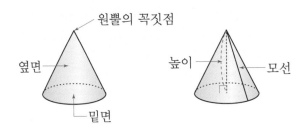

1 원뿔을 모두 찾아 기호를 써 보세요.

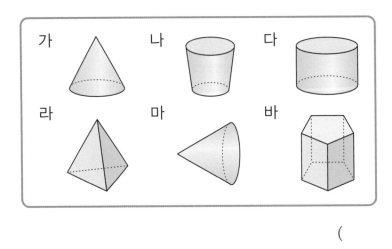

(   )

2 보기 에서 □ 안에 알맞은 말을 찾아 써넣으세요.

보기
밑면   원뿔의 꼭짓점
모선   높이   옆면

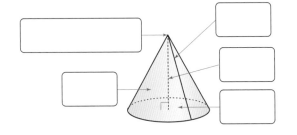

3 원뿔을 보고 모선의 길이, 원뿔의 높이, 밑면의 지름을 각각 구해 보세요.

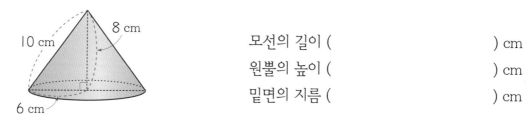

모선의 길이 (   ) cm

원뿔의 높이 (   ) cm

밑면의 지름 (   ) cm

4 직각삼각형 모양의 종이를 한 변을 기준으로 돌려 만든 입체도형을 보고 밑면의 지름과 높이는 각각 몇 cm인지 구해 보세요.

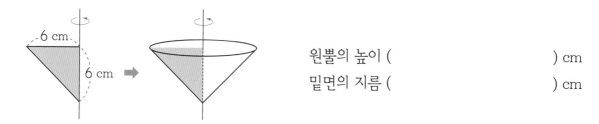

원뿔의 높이 (   ) cm

밑면의 지름 (   ) cm

5 입체도형을 보고 알맞은 말이나 수를 써넣으세요.

도형	밑면의 모양	밑면의 수(개)	위에서 본 모양	앞에서 본 모양
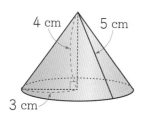	사각형			삼각형

6 원뿔을 보고 바르게 설명한 것을 모두 찾아 기호를 써 보세요.

⊙ 높이는 4 cm입니다.

© 밑면의 지름은 3 cm입니다.

© 원뿔의 꼭짓점은 1개입니다.

② 한 원뿔에서 높이는 모선의 길이보다 항상 깁니다.

(   )

구

- 구: , ◯, 등과 같은 입체도형

- 구에서 가장 안쪽에 있는 점을 구의 중심이라 합니다.

- 구의 중심에서 구의 겉면의 한 점을 이은 선분을 구의 반지름이라고 합니다.

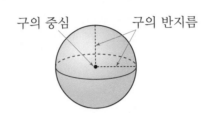

1 구 모양의 물건을 모두 찾아 기호를 써 보세요.

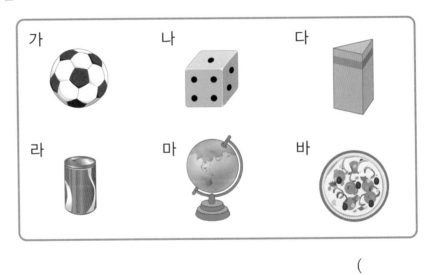

(   )

2 보기 에서 □ 안에 알맞은 말을 찾아 써넣으세요.

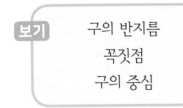

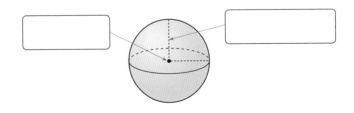

3 반원 모양의 종이를 지름을 기준으로 한 바퀴 돌려서 만든 구의 반지름은 몇 cm인지 구해 보세요.

(   ) cm

4 입체도형을 위, 앞, 옆에서 본 모양을 그려 보세요.

입체도형	위에서 본 모양	앞에서 본 모양	옆에서 본 모양
위 → / ← 옆 / 앞 (구)			
위 → / ← 옆 / 앞 (원기둥)			
위 → / ← 옆 / 앞 (원뿔)			

5 구에 대해 잘못 설명한 친구의 이름을 쓰고, 바르게 고쳐 보세요.

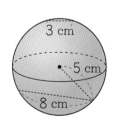

- 준서: 구의 중심은 1개야.
- 희찬: 구의 반지름은 8 cm야.
- 동규: 구는 어느 방향에서 보아도 모양이 같아.
- 재준: 구의 반지름은 무수히 많고, 어느 부분에서 재어도 길이가 같아.

잘못 말한 친구 (   )

바르게 고치기 _____

여러 가지 모양 만들기

- 원기둥, 원뿔, 구를 사용하여 여러 가지 모양을 만들 수 있습니다.

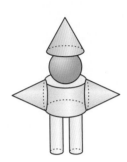

➡ 원기둥 3개, 원뿔 3개, 구 1개를 사용하여 만든 모양입니다.

1 케이크 모양을 만드는 데 원기둥, 원뿔, 구 중에서 어떤 입체도형을 사용하였는지 써 보세요.

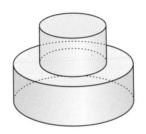

(   )

2 여러 가지 입체도형으로 만든 도형입니다. 사용한 입체도형은 각각 몇 개인지 구해 보세요.

❶

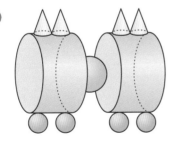

원기둥 (   )개
원뿔 (   )개
구 (   )개

❷

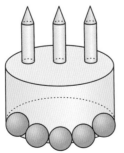

원기둥 (   )개
원뿔 (   )개
구 (   )개

3 여러 가지 입체도형으로 만든 모양을 보고 구는 원뿔보다 몇 개 더 많이 사용했는지 구해 보세요.

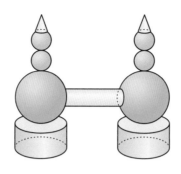

(   )개

4 여러 가지 입체도형으로 만든 모양을 보고 가장 많이 사용한 입체도형은 무엇인지 써 보세요.

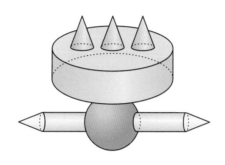

(   )

5 여러 가지 입체도형으로 만든 모양을 보고 가장 많이 사용한 입체도형과 가장 적게 사용한 입체도형의 차는 몇 개인지 구해 보세요.

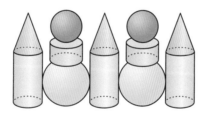

(   )개

6 원기둥, 원뿔, 구를 사용하여 모양을 만들고 제목을 붙여 보세요.

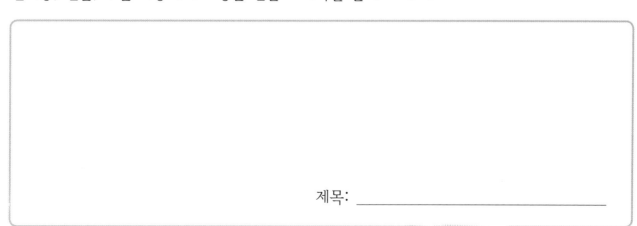

제목: _____

연습 문제

1 원기둥의 밑면의 반지름과 높이를 각각 구해 보세요.

❶
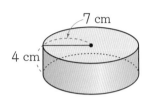

밑면의 반지름 (   ) cm
높이 (   ) cm

❷
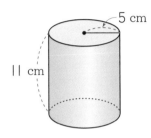

밑면의 반지름 (   ) cm
높이 (   ) cm

❸
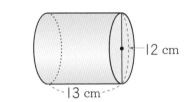

밑면의 반지름 (   ) cm
높이 (   ) cm

❹
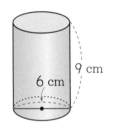

밑면의 반지름 (   ) cm
높이 (   ) cm

2 직사각형 모양의 종이를 한 변을 기준으로 돌려 만든 입체도형을 보고 밑면의 지름과 높이를 각각 구해 보세요.

❶
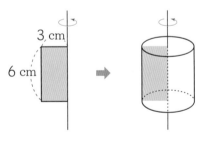

밑면의 지름 (   ) cm
높이 (   ) cm

❷
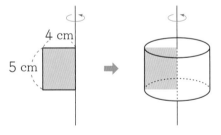

밑면의 지름 (   ) cm
높이 (   ) cm

3 원기둥의 전개도이면 ○표, 원기둥의 전개도가 아니면 ✕표 하세요.

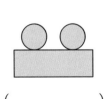
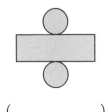
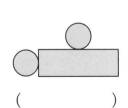
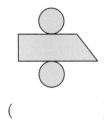

(   )   (   )   (   )   (   )

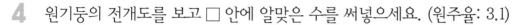

4 원기둥의 전개도를 보고 □ 안에 알맞은 수를 써넣으세요. (원주율: 3.1)

❶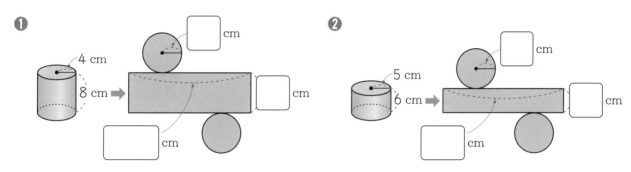

4 cm
8 cm ➡
□ cm
□ cm
□ cm

❷
5 cm
6 cm ➡
□ cm
□ cm
□ cm

5 원뿔에서 밑면의 반지름, 높이, 모선의 길이를 각각 구해 보세요.

❶
12 cm
13 cm
5 cm

밑면의 반지름 (   ) cm
높이 (   ) cm
모선의 길이 (   ) cm

❷
15 cm
17 cm
16 cm

밑면의 반지름 (   ) cm
높이 (   ) cm
모선의 길이 (   ) cm

6 반원 모양의 종이를 지름을 기준으로 돌려 만든 입체도형의 반지름은 몇 cm인지 구해 보세요.

❶
4 cm

(   ) cm

❷
14 cm

(   ) cm

단원 평가

1 입체도형을 보고 물음에 답하세요.

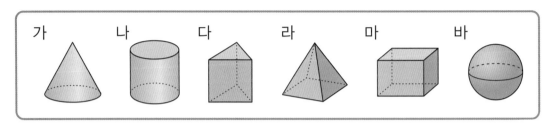

가　나　다　라　마　바

❶ 원기둥을 찾아 기호를 써 보세요.

(　　　　　　)

❷ 원뿔을 찾아 기호를 써 보세요.

(　　　　　　)

❸ 구를 찾아 기호를 써 보세요.

(　　　　　　)

2 원기둥과 원기둥의 전개도를 보고 □ 안에 알맞은 수를 써넣으세요. (원주율: 3.1)

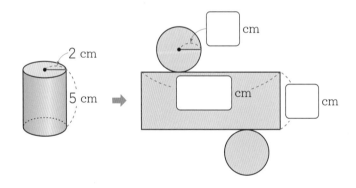

3 원뿔의 높이, 모선의 길이, 밑면의 지름 중 무엇을 재는 것인지 알맞은 말을 써 보세요.

(　　　　　　)　(　　　　　　)　(　　　　　　)

4 한 변을 기준으로 돌려서 다음 원뿔을 만들 수 있는 직각삼각형을 찾아 기호를 써 보세요.

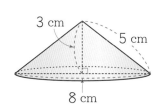

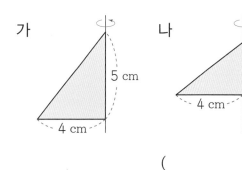

가   나

(   )

5 원기둥과 원뿔이 있습니다. 두 입체도형의 높이의 차는 몇 cm인지 구해 보세요.

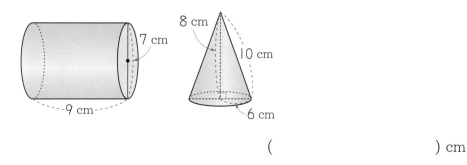

(   ) cm

6 원기둥, 원뿔, 구의 공통점에 대하여 설명한 것을 모두 찾아 기호를 써 보세요.

ㄱ 굽은 면이 있습니다.

ㄴ 뾰족한 부분이 있습니다.

ㄷ 위에서 보면 원 모양입니다.

ㄹ 원 모양의 밑면이 1개 있습니다.

ㅁ 평면도형을 한 직선을 기준으로 돌려서 만들 수 있습니다.

(   )

7 다음 모양에 각 입체도형이 몇 개씩 사용되었는지 구해 보세요.

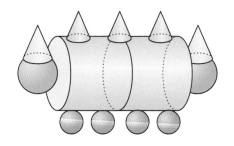

원기둥 (   )개

원뿔 (   )개

구 (   )개

1 어떤 입체도형을 위, 앞, 옆에서 본 모양입니다. 이 도형의 이름을 써 보세요.

(   )   (   )

2 직사각형 모양의 포장지를 다음과 같이 주스 통에 붙였습니다. 겹치는 부분 없이 딱 맞도록 붙였을 때 포장지의 넓이는 몇 cm²인지 구해 보세요. (원주율: 3.1)

(   ) cm²

3 어떤 직각삼각형의 한 변을 기준으로 하여 한 바퀴 돌려서 만들어진 입체도형입니다. 돌리기 전 도형의 넓이는 몇 cm²인지 구해 보세요.

(   ) cm²

4 지름이 12 cm인 반원 모양의 종이를 다음과 같이 지름을 기준으로 한 바퀴 돌려서 입체도형을 만들었습니다. 만들어진 입체도형의 반지름은 몇 cm인지 구해 보세요.

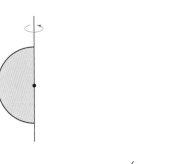

(   ) cm

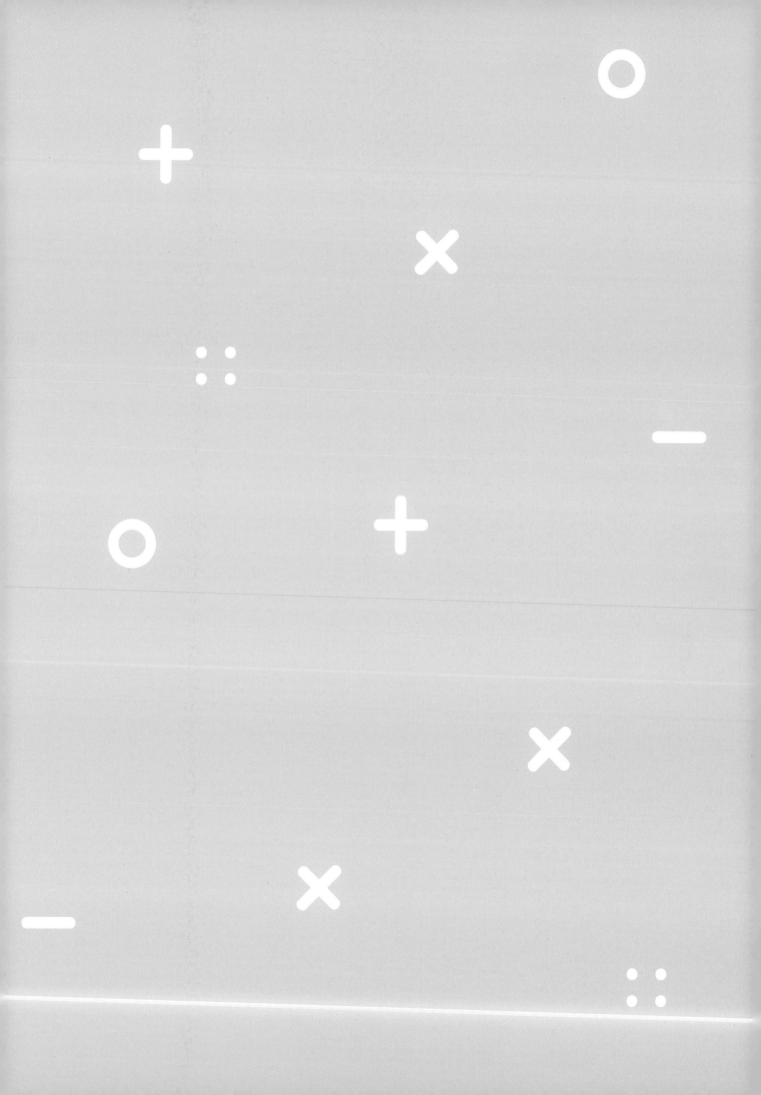

정답과 풀이

제제
수학

6-2

느린 학습자도
체때 체대로!

서사원주니어

1. 분수의 나눗셈

분자끼리 나누어떨어지고 분모가 같은 (분수)÷(분수)

$\dfrac{6}{7} \div \dfrac{2}{7}$의 계산

방법1

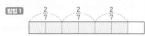

$\dfrac{6}{7}$에서 $\dfrac{2}{7}$를 3번 덜어 낼 수 있으므로 $\dfrac{6}{7} \div \dfrac{2}{7} = 3$입니다.

방법2 $\dfrac{6}{7}$은 $\dfrac{1}{7}$이 6개, $\dfrac{2}{7}$는 $\dfrac{1}{7}$이 2개이므로 $\dfrac{6}{7} \div \dfrac{2}{7} = 6 \div 2 = 3$입니다.

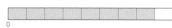

1 그림을 보고 □ 안에 알맞은 수를 써넣으세요.

❶ $\dfrac{8}{9}$에는 $\dfrac{4}{9}$가 $\boxed{2}$ 번 들어갑니다.

❷ $\dfrac{8}{9} \div \dfrac{4}{9} = \boxed{2}$

2 □ 안에 알맞은 수를 써넣으세요.

❶ $\dfrac{10}{11}$은 $\dfrac{1}{11}$이 $\boxed{10}$ 개, $\dfrac{2}{11}$는 $\dfrac{1}{11}$이 $\boxed{2}$ 개입니다.

❷ $\dfrac{10}{11} \div \dfrac{2}{11} = \boxed{10} \div \boxed{2} = \boxed{5}$

3 관계있는 것끼리 선으로 이어 보세요.

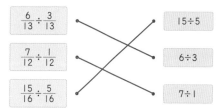

4 계산해 보세요.

❶ $\dfrac{4}{5} \div \dfrac{2}{5} = 2$

❷ $\dfrac{9}{10} \div \dfrac{3}{10} = 3$

❸ $\dfrac{5}{9} \div \dfrac{1}{9} = 5$

❹ $\dfrac{12}{13} \div \dfrac{4}{13} = 3$

5 계산 결과가 작은 것부터 차례로 기호를 써 보세요.

㉠ $\dfrac{8}{9} \div \dfrac{1}{9}$ ㉡ $\dfrac{12}{17} \div \dfrac{2}{17}$ ㉢ $\dfrac{14}{19} \div \dfrac{7}{19}$

▶ ㉠ 8 ㉡ 6 ㉢ 2   (㉢, ㉡, ㉠)

6 상자 한 개를 포장하는 데 끈이 $\dfrac{2}{13}$ m 필요합니다. 끈 $\dfrac{10}{13}$ m로 상자 몇 개를 포장할 수 있는지 구해 보세요.

▶ $\dfrac{10}{13} \div \dfrac{2}{13} = 5$ (5)개

---

1. 분수의 나눗셈

분자끼리 나누어떨어지지 않고 분모가 같은 (분수)÷(분수)

$\dfrac{5}{7} \div \dfrac{2}{7}$의 계산

방법1

5개를 2개씩 묶으면 2개씩 2묶음과 1묶음의 반인 $\dfrac{1}{2}$이 됩니다.

➡ $\dfrac{5}{7} \div \dfrac{2}{7} = 2\dfrac{1}{2}$

방법2 $\dfrac{5}{7}$는 $\dfrac{1}{7}$이 5개, $\dfrac{2}{7}$는 $\dfrac{1}{7}$이 2개이므로 $\dfrac{5}{7} \div \dfrac{2}{7} = 5 \div 2 = \dfrac{5}{2} = 2\dfrac{1}{2}$입니다.

1 그림을 보고 □ 안에 알맞은 수를 써넣으세요.

❶ $\dfrac{7}{9}$은 $\dfrac{1}{9}$이 $\boxed{7}$ 개, $\dfrac{2}{9}$는 $\dfrac{1}{9}$이 $\boxed{2}$ 개이므로 $\boxed{7}$ 를 2개씩 묶으면

2개씩 $\boxed{3}$ 묶음과 1묶음의 반인 $\dfrac{1}{2}$이 됩니다.

➡ $\dfrac{7}{9} \div \dfrac{2}{9} = \boxed{3}\boxed{\dfrac{1}{2}}$

❷ $\dfrac{7}{9} \div \dfrac{2}{9}$ 는 7÷$\boxed{2}$ 을/를 계산한 결과와 같습니다.

➡ $\dfrac{7}{9} \div \dfrac{2}{9} = \boxed{7} \div \boxed{2} = \dfrac{\boxed{7}}{\boxed{2}} = \boxed{3}\boxed{\dfrac{1}{2}}$

2 □ 안에 알맞은 수를 써넣으세요.

❶ $\dfrac{9}{11} \div \dfrac{4}{11} = \boxed{9} \div \boxed{4} = \dfrac{\boxed{9}}{\boxed{4}} = \boxed{2}\boxed{\dfrac{1}{4}}$

❷ $\dfrac{7}{8} \div \dfrac{3}{8} = \boxed{7} \div \boxed{3} = \dfrac{\boxed{7}}{\boxed{3}} = \boxed{2}\boxed{\dfrac{1}{3}}$

3 계산 결과가 다른 하나를 찾아 기호를 써 보세요.

㉠ $\dfrac{5}{13} \div \dfrac{4}{13}$ ㉡ $\dfrac{10}{11} \div \dfrac{8}{11}$ ㉢ $\dfrac{7}{12} \div \dfrac{5}{12}$

▶ ㉠ $\dfrac{5}{4} = 1\dfrac{1}{4}$ ㉡ $\dfrac{10}{8} = \dfrac{5}{4} = 1\dfrac{1}{4}$ ㉢ $\dfrac{7}{5} = 1\dfrac{2}{5}$ (㉢)

4 가장 큰 수를 가장 작은 수로 나눈 몫을 구하는 식을 쓰고 답을 구해 보세요.

$\dfrac{7}{11}$	$\dfrac{2}{11}$	$\dfrac{9}{11}$	$\dfrac{3}{11}$	$\dfrac{8}{11}$

식 $\dfrac{9}{11} \div \dfrac{2}{11} = 4\dfrac{1}{2}$ 답 $4\dfrac{1}{2}$

5 축구공 한 개의 무게는 $\dfrac{17}{20}$ kg이고, 야구공 한 개의 무게는 $\dfrac{3}{20}$ kg입니다. 축구공 한 개의 무게는 야구공 한 개의 무게의 몇 배인지 구해 보세요.

▶ $\dfrac{17}{20} \div \dfrac{3}{20} = \dfrac{17}{3} = 5\dfrac{2}{3}$ ($5\dfrac{2}{3}$)배

1. 분수의 나눗셈

분모가 다른 (분수)÷(분수)

분모가 다른 (분수)÷(분수)는 통분한 후 분자끼리 나누어 계산합니다.

• 분자끼리 나누어떨어지고 분모가 다른 (분수)÷(분수)

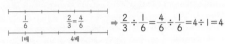

$$\Rightarrow \frac{2}{3} \div \frac{1}{6} = \frac{4}{6} \div \frac{1}{6} = 4 \div 1 = 4$$

• 분자끼리 나누어떨어지지 않고 분모가 다른 (분수)÷(분수)

$$\frac{7}{15} \div \frac{2}{3} = \frac{7}{15} \div \frac{10}{15} = 7 \div 10 = \frac{7}{10}$$

1 그림을 보고 □ 안에 알맞은 수를 써넣으세요.

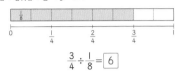

$$\frac{3}{4} \div \frac{1}{8} = \boxed{6}$$

2 □ 안에 알맞은 수를 써넣으세요.

❶ $\frac{2}{3} \div \frac{8}{9} = \frac{\boxed{6}}{9} \div \frac{8}{9} = \boxed{6} \div \boxed{8}$

$= \frac{\boxed{6}}{8} = \frac{\boxed{3}}{4}$

❷ $\frac{3}{4} \div \frac{5}{12} = \frac{\boxed{9}}{12} \div \frac{5}{12} = \boxed{9} \div 5$

$= \frac{\boxed{9}}{5} = \boxed{1}\frac{\boxed{4}}{5}$

3 빈 곳에 알맞은 수를 써넣으세요.

$\frac{3}{4}$	$\frac{2}{5}$	$1\frac{7}{8}$
$\frac{5}{6}$	$\frac{3}{8}$	$2\frac{2}{9}$

▶ • $\frac{3}{4} \div \frac{2}{5} = \frac{15}{20} \div \frac{8}{20} = \frac{15}{8} = 1\frac{7}{8}$

• $\frac{5}{6} \div \frac{3}{8} = \frac{20}{24} \div \frac{9}{24} = \frac{20}{9} = 2\frac{2}{9}$

4 큰 수를 작은 수로 나눈 몫을 구해 보세요.

$\frac{7}{16}$	$\frac{5}{8}$

▶ $\frac{5}{8} \div \frac{7}{16} = \frac{10}{16} \div \frac{7}{16} = \frac{10}{7} = 1\frac{3}{7}$ ($1\frac{3}{7}$)

5 계산 결과가 큰 것부터 순서대로 기호를 써 보세요.

㉠ $\frac{7}{8} \div \frac{7}{16}$	㉡ $\frac{4}{5} \div \frac{1}{2}$	㉢ $\frac{5}{12} \div \frac{2}{3}$

(㉠, ㉡, ㉢)

▶ ㉠ $\frac{7}{8} \div \frac{7}{16} = \frac{14}{16} \div \frac{7}{16} = \frac{14}{7} = 2$ ㉡ $\frac{4}{5} \div \frac{1}{2} = \frac{8}{10} \div \frac{5}{10} = \frac{8}{5} = 1\frac{3}{5}$

㉢ $\frac{5}{12} \div \frac{2}{3} = \frac{5}{12} \div \frac{8}{12} = \frac{5}{8}$

6 같은 시간 동안 가 유람선과 나 유람선이 간 거리입니다. 가 유람선이 간 거리는 나 유람선이
간 거리의 몇 배인지 구해 보세요.

가 유람선	나 유람선
$\frac{6}{7}$ km	$\frac{3}{4}$ km

▶ $\frac{6}{7} \div \frac{3}{4} = \frac{24}{28} \div \frac{21}{28} = \frac{24}{21} = \frac{8}{7} = 1\frac{1}{7}$ ($1\frac{1}{7}$)배

---

1. 분수의 나눗셈

(자연수)÷(분수)

수박 $\frac{3}{4}$ 통의 무게가 6 kg일 때 수박 한 통의 무게는 몇 kg인지 구하기

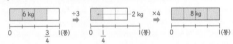

❶ (수박 $\frac{1}{4}$ 통의 무게)=6÷3=2 (kg)

❷ (수박 한 통의 무게)=2×4=8 (kg)

➡ $6 \div \frac{3}{4} = (6 \div 3) \times 4 = 8$

$$\bullet \div \frac{\blacktriangle}{\blacksquare} = (\bullet \div \blacktriangle) \times \blacksquare$$

1 고구마 4 kg를 캐는 데 $\frac{2}{3}$ 시간이 걸렸을 때 1시간 동안 캘 수 있는 고구마는 몇 kg인지 구하려
고 합니다. □ 안에 알맞은 수를 써넣으세요.

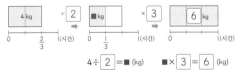

$4 \div \boxed{2} = \blacksquare$ (kg) $\blacksquare \times \boxed{3} = \boxed{6}$ (kg)

➡ 1시간 동안 캘 수 있는 고구마는 $\boxed{6}$ kg입니다.

2 보기 와 같이 계산해 보세요.

보기 $8 \div \frac{2}{5} = (8 \div 2) \times 5 = 20$ ➡ $20 \div \frac{5}{7} = (20 \div 5) \times 7 = 28$

3 계산해 보세요.

❶ $15 \div \frac{5}{6} = (15 \div 5) \times 6$
$= 18$

❷ $21 \div \frac{7}{9} = (21 \div 7) \times 9$
$= 27$

4 계산 결과를 찾아 선으로 이어 보세요.

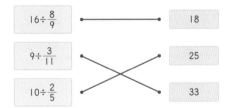

5 계산 결과가 가장 큰 것을 찾아 기호를 써 보세요.

㉠ $12 \div \frac{3}{5}$	㉡ $24 \div \frac{8}{11}$	㉢ $18 \div \frac{6}{7}$

▶ ㉠ $12 \div \frac{3}{5} = (12 \div 3) \times 5 = 20$ (㉡)

㉡ $24 \div \frac{8}{11} = (24 \div 8) \times 11 = 33$

㉢ $18 \div \frac{6}{7} = (18 \div 6) \times 7 = 21$

6 설탕 25 kg을 한 사람에게 $\frac{5}{9}$ kg씩 나누어 주려고 합니다. 모두 몇 명에게 나누어 줄 수 있는
지 식을 쓰고 답을 구해 보세요.

식 $25 \div \frac{5}{9} = 45$ 답 45 명

▶ $25 \div \frac{5}{9} = (25 \div 5) \times 9 = 45$

1. 분수의 나눗셈

(분수)÷(분수)를 (분수)×(분수)로 나타내기

❶ 나눗셈을 곱셈으로 나타냅니다.

❷ 나누는 분수의 분모와 분자를 바꿉니다.

$$\frac{\blacktriangle}{\blacksquare} \div \frac{\bullet}{\blacklozenge} = \frac{\blacktriangle}{\blacksquare} \times \frac{\blacklozenge}{\bullet}$$

1 거북이 $\frac{3}{5}$ m를 가는 데 $\frac{4}{7}$시간이 걸릴 때 1시간 동안 갈 수 있는 거리를 구하려고 합니다.
□안에 알맞은 수를 써넣으세요.

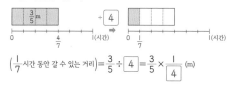

$$\left(\frac{1}{7}\text{시간 동안 갈 수 있는 거리}\right) = \frac{3}{5} \div 4 = \frac{3}{5} \times \frac{1}{4}\ (\text{m})$$

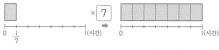

$$(1\text{시간 동안 갈 수 있는 거리}) = \frac{3}{5} \times \frac{1}{4} \times 7 = \frac{21}{20} = 1\frac{1}{20}\ (\text{m})$$

2 나눗셈을 곱셈으로 나타내어 $\frac{8}{9} \div \frac{3}{4}$을 계산하려고 합니다. 곱셈식으로 바르게 나타낸 식을 찾아 ○표 하세요.

$$\frac{9}{8} \times \frac{3}{4} \qquad \frac{8}{9} \times \frac{4}{3} \qquad \frac{8}{9} \times \frac{3}{4}$$

( ) (○) ( )

3 나눗셈식을 곱셈식으로 나타내어 계산해 보세요.

❶ $\frac{2}{3} \div \frac{5}{8} = \frac{2}{3} \times \frac{8}{5} = \frac{16}{15} = 1\frac{1}{15}$

❷ $\frac{2}{7} \div \frac{3}{5} = \frac{2}{7} \times \frac{5}{3} = \frac{10}{21}$

❸ $\frac{7}{10} \div \frac{2}{9} = \frac{7}{10} \times \frac{9}{2} = \frac{63}{20} = 3\frac{3}{20}$

4 계산 결과가 자연수인 것에 ○표 하세요.

$$\frac{7}{8} \div \frac{2}{3} \qquad \frac{5}{12} \div \frac{5}{6} \qquad \frac{8}{9} \div \frac{8}{27}$$

( ) ( ) (○)

▶ $\frac{7}{8} \times \frac{3}{2} = \frac{21}{16}$ $\quad$ $\frac{\overset{1}{\cancel{5}}}{\cancel{12}} \times \frac{\overset{1}{\cancel{6}}}{\cancel{5}} = \frac{1}{2}$ $\quad$ $\frac{\overset{1}{\cancel{8}}}{\cancel{9}} \times \frac{\overset{3}{\cancel{27}}}{\cancel{8}} = 3$

5 넓이가 $\frac{7}{10}$ cm²인 직사각형이 있습니다. 가로가 $\frac{4}{5}$ cm일 때, 세로의 길이는 몇 cm인지 식을 쓰고 답을 구해 보세요.

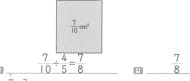

식 $\quad \frac{7}{10} \div \frac{4}{5} = \frac{7}{8}$ $\qquad$ 답 $\quad \frac{7}{8}$ cm

▶ $\frac{7}{10} \div \frac{4}{5} = \frac{7}{\overset{}{\cancel{10}}} \times \frac{\overset{1}{\cancel{5}}}{4} = \frac{7}{8}$

6 과자 한 개를 만드는 데 밀가루 $\frac{2}{7}$컵이 필요합니다. 밀가루 $\frac{8}{9}$컵으로 과자를 몇 개까지 만들 수 있나요?

▶ $\frac{8}{9} \div \frac{2}{7} = \frac{\overset{4}{\cancel{8}}}{9} \times \frac{7}{\cancel{2}} = \frac{28}{9} = 3\frac{1}{9}$ $\qquad$ ($3\frac{1}{9}$)개

---

1. 분수의 나눗셈

(분수)÷(분수)

• (가분수)÷(분수)

방법 1 통분하여 계산합니다.

$$\frac{7}{5} \div \frac{3}{4} = \frac{28}{20} \div \frac{15}{20} = 28 \div 15 = \frac{28}{15} = 1\frac{13}{15}$$

방법 2 분수의 곱셈으로 바꾸어 계산합니다.

$$\frac{7}{5} \div \frac{3}{4} = \frac{7}{5} \times \frac{4}{3} = \frac{28}{15} = 1\frac{13}{15}$$

• (대분수)÷(분수)

방법 1 대분수를 가분수로 바꾼 후 통분하여 계산합니다.

$$1\frac{5}{7} \div \frac{3}{4} = \frac{12}{7} \div \frac{3}{4} = \frac{48}{28} \div \frac{21}{28} = 48 \div 21 = \frac{48}{21} = \frac{16}{7} = 2\frac{2}{7}$$

방법 2 대분수를 가분수로 바꾼 후 분수의 곱셈으로 바꾸어 계산합니다.

$$1\frac{5}{7} \div \frac{3}{4} = \frac{12}{7} \div \frac{3}{4} = \frac{\overset{4}{\cancel{12}}}{7} \times \frac{4}{\cancel{3}} = \frac{16}{7} = 2\frac{2}{7}$$

1 $\frac{3}{5} \div \frac{6}{11}$을 두 가지 방법으로 계산하려고 합니다. □안에 알맞은 수를 써넣으세요.

❶ $\frac{3}{5} \div \frac{6}{11} = \frac{33}{55} \div \frac{30}{55} = 33 \div 30 = \frac{33}{30} = \frac{11}{10} = 1\frac{1}{10}$

❷ $\frac{3}{5} \div \frac{6}{11} = \frac{3}{5} \times \frac{11}{\underset{2}{\cancel{6}}} = \frac{11}{10} = 1\frac{1}{10}$

2 $1\frac{1}{2} \div \frac{4}{7}$를 두 가지 방법으로 계산하려고 합니다. □안에 알맞은 수를 써넣으세요.

❶ $1\frac{1}{2} \div \frac{4}{7} = \frac{3}{2} \div \frac{4}{7} = \frac{21}{14} \div \frac{8}{14} = 21 \div 8 = \frac{21}{8} = 2\frac{5}{8}$

❷ $1\frac{1}{2} \div \frac{4}{7} = \frac{3}{2} \div \frac{4}{7} = \frac{3}{2} \times \frac{7}{4} = \frac{21}{8} = 2\frac{5}{8}$

3 계산 결과를 대분수로 나타내어 보세요.

❶ $3 \div \frac{5}{6} = 3 \times \frac{6}{5} = \frac{18}{5} = 3\frac{3}{5}$

❷ $\frac{9}{4} \div \frac{7}{8} = \frac{9}{\cancel{4}} \times \frac{\overset{2}{\cancel{8}}}{7} = \frac{18}{7} = 2\frac{4}{7}$

❸ $2\frac{1}{4} \div \frac{3}{10} = \frac{\overset{3}{\cancel{9}}}{\cancel{4}} \times \frac{\overset{5}{\cancel{10}}}{\cancel{3}} = \frac{15}{2} = 7\frac{1}{2}$

❹ $2\frac{2}{7} \div 1\frac{1}{3} = \frac{16}{7} \div \frac{4}{3}$
$\qquad = \frac{\overset{4}{\cancel{16}}}{7} \times \frac{3}{\cancel{4}} = \frac{12}{7} = 1\frac{5}{7}$

4 계산 결과를 비교하여 ○안에 >, =, <를 알맞게 써넣으세요.

$$\frac{16}{15} \div \frac{2}{5} \ \boxed{>} \ 1\frac{3}{11} \div \frac{7}{8}$$

▶ $\frac{16}{15} \div \frac{2}{5} = \frac{16}{\underset{3}{\cancel{15}}} \times \frac{\overset{1}{\cancel{5}}}{\cancel{2}} = \frac{8}{3} = 2\frac{2}{3}$ $\qquad$ $\frac{14}{11} \div \frac{7}{8} = \frac{\overset{2}{\cancel{14}}}{11} \times \frac{8}{\cancel{7}} = \frac{16}{11} = 1\frac{5}{11}$

5 다음은 분수의 나눗셈을 잘못 계산한 것입니다. 바르게 고쳐 계산해 보세요.

$$2\frac{5}{14} \div \frac{3}{7} = 2\frac{5}{14} \times \frac{\overset{1}{\cancel{7}}}{3} = 2\frac{5}{6}$$

$$\rightarrow 2\frac{5}{14} \div \frac{3}{7} = \frac{33}{14} \times \frac{\overset{1}{\cancel{7}}}{3} = \frac{11}{2} = 5\frac{1}{2}$$

6 물 $2\frac{2}{3}$ L를 한 병에 $\frac{8}{15}$ L씩 담으면 몇 병이 되는지 구하는 식을 쓰고 답을 구해 보세요.

식 $\quad 2\frac{2}{3} \div \frac{8}{15} = 5$ $\qquad$ 답 $\quad 5$ 병

▶ $2\frac{2}{3} \div \frac{8}{15} = \frac{8}{3} \div \frac{8}{15} = \frac{\overset{1}{\cancel{8}}}{\cancel{3}} \times \frac{\overset{5}{\cancel{15}}}{\cancel{8}} = 5$

1. 분수의 나눗셈 **연습 문제**

[1~8] 분모가 같은 (분수)÷(분수)를 계산해 보세요.

1 $\frac{4}{7} \div \frac{2}{7} = 2$

2 $\frac{9}{10} \div \frac{3}{10} = 3$

3 $\frac{10}{11} \div \frac{2}{11} = 5$

4 $\frac{16}{25} \div \frac{8}{25} = 2$

5 $\frac{16}{17} \div \frac{5}{17} = \frac{16}{5} = 3\frac{1}{5}$

6 $\frac{22}{27} \div \frac{5}{27} = \frac{22}{5} = 4\frac{2}{5}$

7 $\frac{3}{5} \div \frac{2}{5} = \frac{3}{2} = 1\frac{1}{2}$

8 $\frac{11}{14} \div \frac{3}{14} = \frac{11}{3} = 3\frac{2}{3}$

[9~16] 분모가 다른 (분수)÷(분수)를 계산해 보세요.

9 $\frac{14}{21} \div \frac{5}{7} = \frac{14}{21} \div \frac{15}{21} = \frac{14}{15}$

10 $\frac{2}{9} \div \frac{7}{18} = \frac{4}{18} \div \frac{7}{18} = \frac{4}{7}$

11 $\frac{7}{12} \div \frac{1}{3} = \frac{7}{12} \div \frac{4}{12} = \frac{7}{4} = 1\frac{3}{4}$

12 $\frac{4}{9} \div \frac{2}{3} = \frac{4}{9} \div \frac{6}{9} = \frac{\cancel{4}^{2}}{\cancel{6}_{3}} = \frac{2}{3}$

13 $\frac{1}{5} \div \frac{2}{7} = \frac{7}{35} \div \frac{10}{35} = \frac{7}{10}$

14 $\frac{9}{11} \div \frac{1}{2} = \frac{18}{22} \div \frac{11}{22} = \frac{18}{11} = 1\frac{7}{11}$

15 $\frac{12}{25} \div \frac{3}{10} = \frac{24}{50} \div \frac{15}{50} = \frac{\cancel{24}^{8}}{\cancel{15}_{5}} = \frac{8}{5} = 1\frac{3}{5}$

16 $\frac{15}{32} \div \frac{5}{8} = \frac{15}{32} \div \frac{20}{32} = \frac{\cancel{15}^{3}}{\cancel{20}_{4}} = \frac{3}{4}$

[17~20] (자연수)÷(분수)를 계산해 보세요.

17 $9 \div \frac{3}{10} = (9 \div 3) \times 10 = 30$

18 $14 \div \frac{7}{13} = (14 \div 7) \times 13 = 26$

19 $10 \div \frac{5}{9} = (10 \div 5) \times 9 = 18$

20 $18 \div \frac{6}{11} = (18 \div 6) \times 11 = 33$

[21~32] 나눗셈식을 곱셈식으로 바꾸어 계산해 보세요.

21 $\frac{11}{12} \div \frac{2}{3} = \frac{11}{\cancel{12}_{4}} \times \frac{\cancel{3}}{2} = \frac{11}{8} = 1\frac{3}{8}$

22 $\frac{10}{11} \div \frac{4}{9} = \frac{10}{11} \times \frac{9}{\cancel{4}} = \frac{45}{22} = 2\frac{1}{22}$

23 $\frac{3}{7} \div \frac{6}{11} = \frac{\cancel{3}}{7} \times \frac{11}{\cancel{6}_{2}} = \frac{11}{14}$

24 $\frac{25}{27} \div \frac{10}{21} = \frac{\cancel{25}^{5}}{\cancel{27}} \times \frac{\cancel{21}^{7}}{\cancel{10}^{2}} \cdot \frac{35}{18} = 1\frac{17}{18}$

25 $\frac{16}{11} \div \frac{2}{3} = \frac{\cancel{16}^{8}}{11} \times \frac{3}{\cancel{2}} = \frac{24}{11} = 2\frac{2}{11}$

26 $\frac{32}{15} \div \frac{4}{5} = \frac{\cancel{32}^{8}}{\cancel{15}_{3}} \times \frac{\cancel{5}}{\cancel{4}} = \frac{8}{3} = 2\frac{2}{3}$

27 $\frac{31}{12} \div \frac{4}{3} = \frac{31}{\cancel{12}_{4}} \times \frac{\cancel{3}}{3} = \frac{31}{9} = 3\frac{4}{9}$

28 $\frac{7}{19} \div \frac{14}{2} = \frac{\cancel{7}}{2} \times \frac{19}{\cancel{14}} = \frac{19}{4} = 4\frac{3}{4}$

29 $1\frac{5}{12} \div \frac{5}{6} = \frac{17}{\cancel{12}_{2}} \times \frac{\cancel{6}}{5} = \frac{17}{10} = 1\frac{7}{10}$

30 $5\frac{2}{3} \div \frac{5}{9} = \frac{17}{\cancel{3}} \times \frac{\cancel{9}^{3}}{5} = \frac{51}{5} = 10\frac{1}{5}$

31 $2\frac{7}{15} \div \frac{1}{6} = \frac{37}{\cancel{15}_{5}} \times \frac{\cancel{6}}{1} = \frac{74}{5}$
    $= 14\frac{4}{5}$

32 $3\frac{2}{5} \div \frac{3}{5} = \frac{17}{\cancel{5}} \times \frac{\cancel{5}}{3} = \frac{17}{3} = 5\frac{2}{3}$

[33~36] 분수의 나눗셈의 몫의 크기를 비교하여 ○안에 >, =, <를 알맞게 써넣으세요.

33 $\frac{8}{9} \div \frac{16}{27}$ (>) $\frac{11}{16} \div \frac{22}{25}$ ▶ $\frac{\cancel{8}}{\cancel{9}} \times \frac{\cancel{27}^{3}}{\cancel{16}} = \frac{3}{2} = 1\frac{1}{2}$, $\frac{\cancel{11}}{16} \times \frac{25}{\cancel{22}} = \frac{25}{32}$

34 $\frac{17}{15} \div \frac{1}{9}$ (>) $\frac{22}{5} \div \frac{4}{7}$ $\frac{17}{\cancel{15}_{5}} \times \frac{\cancel{9}^{3}}{1} = \frac{51}{5} = 10\frac{1}{5}$, $\frac{\cancel{22}^{11}}{5} \times \frac{7}{\cancel{4}_{2}} = \frac{77}{10} = 7\frac{7}{10}$

35 $4\frac{4}{5} \div \frac{8}{9}$ (<) $10\frac{2}{3} \div \frac{8}{9}$ $\frac{\cancel{24}^{3}}{5} \times \frac{9}{\cancel{8}} = \frac{27}{5} = 5\frac{2}{5}$, $\frac{\cancel{32}^{4}}{\cancel{3}} \times \frac{\cancel{9}^{3}}{\cancel{8}} = 12$

36 $2\frac{4}{5} \div \frac{8}{11}$ (<) $3\frac{1}{6} \div \frac{5}{9}$ $\frac{14}{5} \times \frac{11}{\cancel{8}_{4}} = \frac{77}{20} = 3\frac{17}{20}$, $\frac{19}{\cancel{6}_{2}} \times \frac{\cancel{9}^{3}}{5} = \frac{57}{10} = 5\frac{7}{10}$

1. 분수의 나눗셈 **단원 평가**

1 수직선을 보고 $\frac{4}{5} \div \frac{2}{5}$의 몫을 구해 보세요.

$\frac{4}{5} \div \frac{2}{5} = \boxed{2}$

2 □안에 알맞은 수를 써넣으세요.

❶ $\frac{5}{9} \div \frac{4}{9} = \boxed{5} \div \boxed{4} = \frac{\boxed{5}}{\boxed{4}} = 1\frac{\boxed{1}}{\boxed{4}}$

❷ $\frac{8}{9} \div \frac{2}{3} = \frac{\boxed{8}}{9} \div \frac{\boxed{6}}{9} = \boxed{8} \div \boxed{6} = \frac{\boxed{8}}{\boxed{6}} = \frac{\boxed{4}}{\boxed{3}} = 1\frac{\boxed{1}}{\boxed{3}}$

3 $\frac{10}{13} \div \frac{5}{13}$와 몫이 같은 나눗셈을 찾아 기호를 써 보세요.

┌──┐
│ ㉠ $\frac{12}{15} \div \frac{8}{15}$ ㉡ $\frac{4}{9} \div \frac{8}{9}$ ㉢ $\frac{6}{7} \div \frac{3}{7}$ │
└──┘

▶ ㉠ $\frac{\cancel{12}^{3}}{\cancel{8}_{2}} = \frac{3}{2} = 1\frac{1}{2}$ ㉡ $\frac{\cancel{4}}{\cancel{8}_{2}} = \frac{1}{2}$ ㉢ $\frac{\cancel{6}^{2}}{\cancel{3}} = 2$ (㉢)

4 보기와 같이 계산해 보세요.

┌──┐
│ 보기 $15 \div \frac{5}{6} = (15 \div 5) \times 6 = 18$ │
└──┘

❶ $24 \div \frac{3}{5} = (24 \div 3) \times 5 = 40$ ❷ $16 \div \frac{4}{9} = (16 \div 4) \times 9 = 36$

5 나눗셈식을 곱셈식으로 나타내어 계산해 보세요.

❶ $\frac{4}{15} \div \frac{8}{9} = \frac{\cancel{4}}{\cancel{15}_{5}} \times \frac{\cancel{9}^{3}}{\cancel{8}_{2}} = \frac{3}{10}$ ❷ $\frac{9}{13} \div \frac{3}{7} = \frac{\cancel{9}^{3}}{13} \times \frac{7}{\cancel{3}} = \frac{21}{13} = 1\frac{8}{13}$

6 계산 결과를 찾아 선으로 이어 보세요.

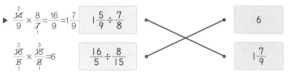

▶ $\frac{\cancel{14}^{2}}{9} \times \frac{8}{\cancel{7}} = \frac{16}{9} = 1\frac{7}{9}$ [$1\frac{5}{9} \div \frac{7}{8}$] [6]

$\frac{\cancel{16}^{2}}{\cancel{8}} \times \frac{3}{\cancel{15}} = 6$ [$\frac{16}{5} \div \frac{8}{15}$] [$1\frac{7}{9}$]

7 몫이 작은 나눗셈식부터 순서대로 기호를 써 보세요.

┌──┐
│ ㉠ $\frac{3}{5} \div \frac{1}{5}$ ㉡ $7\frac{1}{2} \div \frac{3}{4}$ ㉢ $\frac{25}{3} \div \frac{5}{8}$ ㉣ $\frac{6}{25} \div \frac{3}{10}$ │
└──┘

▶ ㉠ 3 ㉡ 10 ㉢ $13\frac{1}{3}$ ㉣ $\frac{4}{5}$ (㉣, ㉠, ㉡, ㉢)

8 □안에 들어갈 수 있는 자연수를 모두 구해 보세요.

┌──┐
│ $\frac{8}{9} \div \frac{4}{9} < □ < 3\frac{1}{5} \div \frac{8}{15}$ │
└──┘

▶ $\frac{8}{9} \div \frac{4}{9} = 8 \div 4 = 2$, $\frac{16}{5} \div \frac{8}{15} = \frac{\cancel{16}^{2}}{\cancel{5}} \times \frac{\cancel{15}^{3}}{\cancel{8}} = 6$ (3, 4, 5)

9 피자 한 판을 시켜서 진우는 전체의 $\frac{4}{9}$를 먹었고, 동생은 전체의 $\frac{1}{5}$을 먹었습니다. 진우가 먹은 피자의 양은 동생이 먹은 피자의 양의 몇 배인지 구하는 식을 쓰고 답을 구해 보세요.

식 $\frac{4}{9} \div \frac{1}{5} = 2\frac{2}{9}$ 답 $2\frac{2}{9}$ 배

▶ $\frac{4}{9} \div \frac{1}{5} = \frac{4}{9} \times 5 = \frac{20}{9} = 2\frac{2}{9}$

1. 분수의 나눗셈 　　**실력 키우기**

1 수직선의 0과 1 사이를 똑같이 11칸으로 나누었습니다. ㉠÷㉡을 계산해 보세요.

▶ ㉠ $\frac{3}{11}$　㉡ $\frac{9}{11}$　　　　　　　($\frac{1}{3}$)

㉠÷㉡＝$\frac{3}{11}÷\frac{9}{11}=\frac{\overset{1}{3}}{\underset{3}{9}}=\frac{1}{3}$

2 수 카드 3장을 모두 사용하여 계산 결과가 가장 큰 나눗셈을 만들었을 때 몫을 구해 보세요.

8　4　3　　　$\boxed{}\dfrac{\boxed{}}{\boxed{}}÷\dfrac{7}{9}$

▶ 계산 결과가 가장 큰 나눗셈을 만들려면 나누어지는　　　($11\frac{1}{4}$)
수가 가장 커야 합니다.

$8\frac{3}{4}÷\frac{7}{9}=\frac{\overset{5}{35}}{4}×\frac{9}{\underset{1}{7}}=\frac{45}{4}=11\frac{1}{4}$

3 어떤 수를 $\frac{5}{12}$로 나누어야 하는데 잘못해서 곱했더니 $\frac{7}{24}$이 되었습니다. 바르게 계산한 값을 대분수로 나타내면 얼마인지 구해 보세요.

▶ 어떤 수를 먼저 구하면 $\frac{7}{24}÷\frac{5}{12}=\frac{7}{\underset{2}{24}}×\frac{\overset{1}{12}}{5}=\frac{7}{10}$ 입니다.($1\frac{17}{25}$)

바르게 계산하면 $\frac{7}{10}÷\frac{5}{12}=\frac{7}{\underset{5}{10}}×\frac{\overset{6}{12}}{5}=\frac{42}{25}=1\frac{17}{25}$ 입니다.

4 인형 한 개를 만드는 데 $\frac{5}{6}$시간이 걸립니다. 하루에 2시간씩 5일 동안 인형을 만들면 인형을 몇 개 만들 수 있는지 풀이 과정을 쓰고 답을 구해 보세요.

풀이 예 2시간씩 5일은 10시간입니다.

10시간 동안 만들 수 있는 인형은 10÷$\frac{5}{6}$＝10×$\frac{6}{\underset{1}{5}}$＝12(개)입니다.

답 12 개

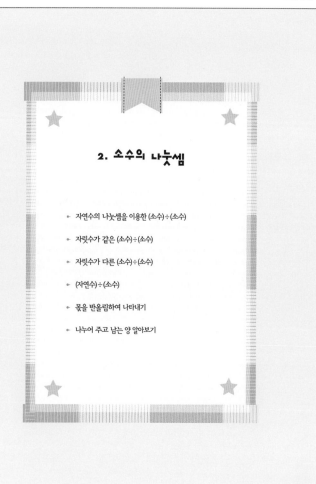

2. 소수의 나눗셈

▶ 자연수의 나눗셈을 이용한 (소수)÷(소수)

▶ 자릿수가 같은 (소수)÷(소수)

▶ 자릿수가 다른 (소수)÷(소수)

▶ (자연수)÷(소수)

▶ 몫을 반올림하여 나타내기

▶ 나누어 주고 남는 양 알아보기

---

2. 소수의 나눗셈

자연수의 나눗셈을 이용한 (소수)÷(소수)

(소수)÷(소수)에서 나누어지는 수와 나누는 수를 똑같이 10배 또는 100배 하여 (자연수)÷(자연수)로 계산합니다.

12.5 ÷ 0.5
10배 ↓ ↓ 10배
125 ÷ 5 ＝ 25
12.5 ÷ 0.5 ＝ 25

1.25 ÷ 0.05
100배 ↓ ↓ 100배
125 ÷ 5 ＝ 25
1.25 ÷ 0.05 ＝ 25

나누어지는 수와 나누는 수에 똑같이 10배 또는 100배를 해도 몫은 같습니다.

1 종이 띠 1.5 m를 0.3 m씩 자르려고 합니다. 그림에 0.3 m씩 선을 그어 보고, 잘랐을 때 몇 조각이 되는지 구해 보세요.

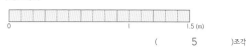

0　　　　　1　　　1.5 (m)

(5)조각

2 설명을 읽고 □ 안에 알맞은 수를 써넣으세요.

❶
1 cm＝10 mm이므로 6.5 cm＝ 65 mm, 0.5 cm＝ 5 mm입니다.
따라서 65÷5＝ 13 이므로 6.5÷0.5＝ 13 입니다.

❷
1 m＝100 cm이므로 5.16 m＝ 516 cm, 0.06 m＝ 6 cm입니다.
따라서 516÷6＝ 86 이므로 5.16÷0.06＝ 86 입니다.

3 자연수의 나눗셈을 이용하여 소수의 나눗셈을 계산하려고 합니다. □ 안에 알맞은 수를 써넣으세요.

❶
10.8 ÷ 1.2
10배 ↓ ↓ 10배
108 ÷ 12 ＝ 9
10.8÷1.2＝ 9

❷
3.51 ÷ 0.03
100배 ↓ ↓ 100배
351 ÷ 3 ＝ 117
3.51÷0.03＝ 117

4 □ 안에 알맞은 수를 써넣으세요.

❶
516÷4＝ 129
51.6÷0.4＝ 129
5.16÷0.04＝ 129

❷
78÷6＝ 13
7.8÷0.6＝ 13
0.78÷0.06＝ 13

5 3.84÷0.06과 몫이 같은 나눗셈을 모두 찾아 기호를 써 보세요.

㉠ 3.84÷0.6　　㉡ 38.4÷0.6　　㉢ 384÷6　　㉣ 384÷0.6

(㉡, ㉢)

6 음료수 43.2 L를 0.6 L씩 나누어 담으려고 합니다. 필요한 컵은 몇 개인지 구하는 식을 쓰고 답을 구해 보세요.

식 43.2÷0.6=72　　　답 72 개

2. 소수의 나눗셈
자릿수가 같은 (소수)÷(소수)

4.2÷0.3의 계산

방법1 분수의 나눗셈으로 바꾸어 계산하기

$4.2 \div 0.3 = \dfrac{42}{10} \div \dfrac{3}{10} = 42 \div 3 = 14$

방법2 4.2÷0.3과 42÷3을 비교하여 알아보기

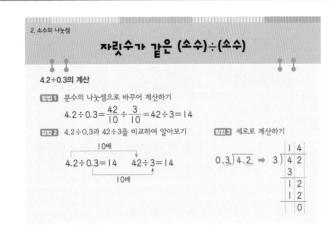

$4.2 \div 0.3 = 14 \qquad 42 \div 3 = 14$

방법3 세로로 계산하기

$$0.3 \overline{)4.2} \Rightarrow 3\overline{)42}$$

1 소수의 나눗셈을 여러 가지 방법으로 계산하려고 합니다. □ 안에 알맞은 수를 써넣으세요.

❶ 분수의 나눗셈으로 바꾸어 계산하기

$6.4 \div 0.4 = \dfrac{64}{10} \div \dfrac{4}{10}$

$= \boxed{64} \div \boxed{4} = \boxed{16}$

❷ 6.4÷0.4와 64÷4를 비교하여 알아보기

$6.4 \div 0.4 = \boxed{16} \qquad 64 \div 4 = \boxed{16}$

❸ 세로로 계산하기

$0.4\overline{)6.4} \Rightarrow 4\overline{)6.4}$ 몫 $\boxed{1}\;\boxed{6}$

2 계산해 보세요.

❶
$$0.5\overline{)8.5} = 17$$

❷
$$0.14\overline{)4.34} = 31$$

3 **보기**와 같이 계산해 보세요.

보기 $12.8 \div 1.6 = \dfrac{128}{10} \div \dfrac{16}{10} = 128 \div 16 = 8$

$\Rightarrow 21.6 \div 1.8 = \dfrac{216}{10} \div \dfrac{18}{10} = 216 \div 18 = 12$

4 관계있는 것끼리 선으로 이어 보세요.

$5.45 \div 0.05$ — 252
$92.1 \div 0.3$ — 109
$30.24 \div 0.12$ — 307

(5.45÷0.05 → 109, 92.1÷0.3 → 307, 30.24÷0.12 → 252)

5 넓이는 13.6 m², 밑변의 길이는 3.4 m인 평행사변형이 있습니다. 이 평행사변형의 높이는 몇 m인지 식을 쓰고 답을 구해 보세요.

식 $13.6 \div 3.4 = 4$ 답 4 m

2. 소수의 나눗셈
자릿수가 다른 (소수)÷(소수)

자릿수가 다른 (소수)÷(소수)는 나누는 수가 자연수가 되도록 나누어지는 수와 나누는 수를 똑같이 10배 또는 100배 하여 계산합니다.

3.72÷1.2의 계산

방법1 3.72÷1.2를 372÷120을 이용하여 계산하기

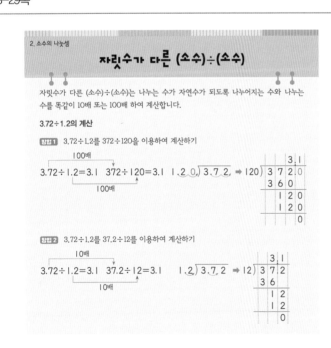

$3.72 \div 1.2 = 3.1 \qquad 372 \div 120 = 3.1$

$1.2\overline{)3.72} \Rightarrow 120\overline{)372.0}$

방법2 3.72÷1.2를 37.2÷12를 이용하여 계산하기

$3.72 \div 1.2 = 3.1 \qquad 37.2 \div 12 = 3.1$

$1.2\overline{)3.72} \Rightarrow 12\overline{)37.2}$

1 4.86÷0.9를 주어진 방법으로 계산하려고 합니다. □ 안에 알맞은 수를 써넣으세요.

❶ 나누어지는 수를 자연수로 만들어 계산하기

4.86과 0.9를 각각 $\boxed{100}$ 배 하여 계산하면 $\boxed{486} \div \boxed{90} = \boxed{5.4}$ 입니다.

❷ 나누는 수를 자연수로 만들어 계산하기

4.86과 0.9를 각각 $\boxed{10}$ 배 하여 계산하면 $\boxed{48.6} \div \boxed{9} = \boxed{5.4}$ 입니다.

2 계산해 보세요.

❶
$$0.2\overline{)4.34} = 21.7$$

❷
$$2.4\overline{)50.4} = 2.1$$

3 계산이 잘못된 곳을 찾아 바르게 계산해 보세요.

$$0.5\overline{)3.25} = 0.65 \Rightarrow 0.5\overline{)3.25} = 6.5$$

4 □ 안에 알맞은 수를 구하는 식을 쓰고 답을 구해 보세요.

$\boxed{\square \times 3.4 = 8.16}$

식 $8.16 \div 3.4 = 2.4$ 답 2.4

5 배추 15.98 kg과 무 1.7 kg이 있습니다. 배추의 무게는 무의 무게의 몇 배인지 구하는 식을 쓰고 답을 구해 보세요.

식 $15.98 \div 1.7 = 9.4$ 답 9.4 배

2. 소수의 나눗셈

(자연수)÷(소수)

16÷0.8의 계산

방법 1 분수의 나눗셈으로 바꾸어 계산하기

$$16÷0.8=\frac{160}{10}÷\frac{8}{10}=160÷8=20$$

방법 2 자연수의 나눗셈으로 계산하기

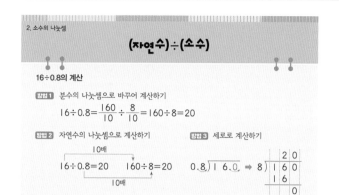

$$16÷0.8=20 \qquad 160÷8=20$$

방법 3 세로로 계산하기

$$0.8)\overline{16.0} \Rightarrow 8)\overline{160}$$

1 15÷2.5를 여러 가지 방법으로 계산하려고 합니다. □ 안에 알맞은 수를 써넣으세요.

❶ 분수의 나눗셈으로 바꾸어 계산하기

$$15÷2.5=\frac{\boxed{150}}{10}÷\frac{\boxed{25}}{10}=\boxed{150}÷\boxed{25}=\boxed{6}$$

❷ 자연수의 나눗셈으로 계산하기

$$15÷2.5=\boxed{6} \qquad 150÷25=\boxed{6}$$

(10배)

❸ 세로로 계산하기

$$2.5)\overline{15.0} \Rightarrow 25)\overline{150}$$ 몫 6

2 보기와 같은 방법을 사용하여 나눗셈을 계산해 보세요.

보기
$$18÷0.36=\frac{1800}{100}÷\frac{36}{100}=1800÷36=5$$

$$\Rightarrow 4÷0.16=\frac{400}{100}÷\frac{16}{100}=400÷16=25$$

3 계산해 보세요.

❶
```
        2 5
3.2)8 0 0.
    6 4
    1 6 0
    1 6 0
        0
```

❷
```
          1 9 2
0.25)4 8 0 0.
     2 5
     2 3 0
     2 2 5
         5 0
         5 0
          0
```

4 □ 안에 알맞은 수를 써넣으세요.

❶ 72÷8=□9
72÷0.8=□90
72÷0.08=□900

❷ 2.96÷0.04=□74
29.6÷0.04=□740
296÷0.04=□7400

5 ㉠과 ㉡의 몫의 합을 구해 보세요.

㉠ 68÷1.7   ㉡ 225÷0.45

▶
㉠
```
      4 0
17)6 8 0
   6 8 0
       0
```
㉡
```
       5 0 0
45)2 2 5 0 0
   2 2 5
   2 2 5 0 0
           0
```

(540)

2. 소수의 나눗셈

몫을 반올림하여 나타내기

나눗셈에서 몫이 간단한 소수로 구해지지 않을 경우 몫을 반올림하여 나타낼 수 있습니다.

10÷7의 몫을 반올림하여 나타내기

```
     1.4 2 8
7)1 0.0 0 0
  7
  3 0
  2 8
    2 0
    1 4
      6 0
      5 6
        4
```

❶ 몫의 소수 첫째 자리 숫자가 4이므로 몫을 반올림하여 자연수로 나타내면 1입니다.

❷ 몫의 소수 둘째 자리 숫자가 2이므로 몫을 반올림하여 소수 첫째 자리까지 나타내면 1.4입니다.

❸ 몫의 소수 셋째 자리 숫자가 8이므로 몫을 반올림하여 소수 둘째 자리까지 나타내면 1.43입니다.

1 나눗셈식을 보고 □ 안에 알맞은 수를 써넣으세요.

```
     4.4 6
3)1 3.4 0
  1 2
  1 4
  1 2
    2 0
    1 8
      2
```

❶ 13.4÷3의 몫의 소수 첫째 자리 숫자가 □4 이므로 몫을 반올림하여 자연수로 나타내면 □4 입니다.

❷ 13.4÷3의 몫의 소수 둘째 자리 숫자가 □6 이므로 몫을 반올림하여 소수 첫째 자리까지 나타내면 □4.5 입니다.

2 나눗셈식을 보고 몫을 반올림하여 소수 둘째 자리까지 나타내어 보세요.

$$11.7÷7=1.671428……$$

(1.67)

3 13÷6의 몫을 반올림하여 소수 첫째 자리까지 나타내어 보세요.

```
     2.1 6
6)1 3.0 0
  1 2
    1 0
     6
     4 0
     3 6
       4
```

(2.2)

4 몫을 반올림하여 소수 둘째 자리까지 나타내어 보세요.

```
     2.7 6 6
3)8.3 0 0
  6
  2 3
  2 1
    2 0
    1 8
      2 0
      1 8
        2
```

8.3÷3

(2.77)

5 계산 결과의 크기를 비교하여 ○ 안에 >, =, <를 알맞게 써 보세요.

▶
```
      3.1 6
12)3 8.0 0
   3 6
    2 0
    1 2
      8 0
      7 2
        8
```

38÷12의 몫을 반올림하여 자연수로 나타낸 수	<	38÷12의 몫을 반올림하여 소수 첫째 자리까지 나타낸 수
3		3.2

6 포도 주스 10 L를 15명이 똑같이 나누어 마시려고 합니다. 한 사람이 마실 수 있는 양은 몇 L인지 반올림하여 소수 둘째 자리까지 나타내려고 합니다. 풀이 과정을 쓰고 답을 구해 보세요.

풀이 예 10÷15=0.666…이므로 반올림하여 소수 둘째 자리까지 나타내면 0.67입니다.

답 0.67 L

2. 소수의 나눗셈

나누어 주고 남는 양 알아보기

끈 21.5 m를 한 사람에게 5 m씩 나누어 줄 때 나누어 줄 수 있는 사람 수와 남는 끈의 양 구하기

방법1 덜어 내어 계산하기

$21.5-5-5-5-5=1.5 \text{ (m)}$

21.5에서 5 m씩 4번 빼면 1.5 m가 남습니다.

➡ 나누어 줄 수 있는 사람 수: 4명, 남는 끈의 양: 1.5 m

방법2 세로로 계산하기

```
      4
  5) 2 1 . 5
     2 0
     ───
       1 . 5
```

21.5를 5로 나누면 몫은 4가 되고 1.5가 남습니다.

➡ 나누어 줄 수 있는 사람 수: 4명, 남는 끈의 양: 1.5 m

1 쌀 7.4 kg을 한 봉지에 2 kg씩 나누어 담을 때 나누어 담을 수 있는 봉지 수와 남는 쌀의 무게를 구하려고 합니다. □ 안에 알맞은 수를 써넣으세요.

❶ 덜어 내는 방법으로 구해 보세요.

$7.4 - \boxed{2} - \boxed{2} - \boxed{2} = \boxed{1.4}$, 7.4에서 2를 $\boxed{3}$ 번 빼면 $\boxed{1.4}$ 입니다.

쌀은 $\boxed{3}$ 봉지에 나누어 담을 수 있고 남는 쌀은 $\boxed{1.4}$ kg입니다.

❷ 세로로 계산하여 구해 보세요.

```
        3
  2) 7 . 4
     6
     ───
     1 . 4
```

몫은 $\boxed{3}$ 이고 $\boxed{1.4}$ 이/가 남으므로 쌀은 $\boxed{3}$ 봉지에 나누어 담을 수 있고 남는 쌀은 $\boxed{1.4}$ kg입니다.

2 리본 끈 25.2 m를 한 명에게 3 m씩 나누어 줄 때 나누어 줄 수 있는 사람 수와 남는 리본 끈의 양을 구하려고 합니다. 바르게 계산한 친구는 누구인지 이름을 써 보세요.

대호
```
        8
  3) 2 5 . 2
     2 4
     ───
     1 . 2
```
➡ 8명에게 나누어 줄 수 있고, 남는 끈은 1.2 m입니다.

정민
```
      8 . 4
  3) 2 5 . 2
     2 4
     ───
       1 2
       1 2
       ──
        0
```
➡ 8.4명에게 나누어 줄 수 있고, 남는 끈은 없습니다.

(대호)

3 설탕 13.6 kg을 한 봉지에 3 kg씩 나누어 담으려고 합니다. 설탕을 몇 봉지에 담을 수 있고, 남는 설탕은 몇 kg인지 구해 보세요.

```
▶      4
   3) 1 3 . 6
      1 2
      ───
      1 . 6
```
봉지 수 (4)봉지
남는 설탕의 무게 (1.6) kg

4 쌀 45.5 kg을 2 kg씩 나누어 주려고 합니다. 쌀을 남김없이 모두 나누어 주려면 적어도 몇 kg이 더 필요한지 구하려고 합니다. 물음에 답하세요.

❶ 쌀을 몇 명에게 나누어 줄 수 있고, 남는 쌀은 몇 kg인지 구해 보세요.

▶ 45.5÷2의 몫을 자연수까지만 구하면 22이고 1.5 kg이 남습니다.

나누어 줄 수 있는 사람 수 (22)명
남는 쌀의 무게 (1.5) kg

❷ 쌀을 남김없이 모두 나누어 주려면 쌀은 적어도 몇 kg이 더 필요한지 풀이 과정을 쓰고 답을 구해 보세요.

풀이 **예** 나머지 1.5 kg에 0.5 kg을 더하면 2 kg이 되므로

쌀은 적어도 0.5 kg이 더 필요합니다.

답 0.5 kg

2. 소수의 나눗셈

연습 문제

[1~2] 자연수의 나눗셈을 이용하여 □ 안에 알맞은 수를 써넣으세요.

1 $62.4 ÷ 0.4 = \boxed{156}$

$624 ÷ 4 = \boxed{156}$

2 $0.84 ÷ 0.12 = \boxed{7}$

$84 ÷ 12 = \boxed{7}$

[3~8] □ 안에 알맞은 수를 써넣으세요.

3 $4.2÷0.3=\dfrac{\boxed{42}}{10}÷\dfrac{\boxed{3}}{10}=\boxed{42}÷3=\boxed{14}$

4 $6.15÷0.05=\dfrac{\boxed{615}}{100}÷\dfrac{\boxed{5}}{100}=\boxed{615}÷\boxed{5}=\boxed{123}$

5 $0.8÷0.16=\dfrac{\boxed{80}}{100}÷\dfrac{\boxed{16}}{100}=\boxed{80}÷\boxed{16}=\boxed{5}$

6 $1.12÷0.14=\dfrac{\boxed{112}}{100}÷\dfrac{\boxed{14}}{100}=\boxed{112}÷\boxed{14}=\boxed{8}$

7 $15÷0.6=\dfrac{\boxed{150}}{10}÷\dfrac{\boxed{6}}{10}=\boxed{150}÷\boxed{6}=\boxed{25}$

8 $18÷0.75=\dfrac{\boxed{1800}}{100}÷\dfrac{\boxed{75}}{100}=\boxed{1800}÷\boxed{75}=\boxed{24}$

[9~14] 계산해 보세요.

9
```
           7 3
  0. 4) 2 9 . 2
         2 8
         ──
           1 2
           1 2
           ──
            0
```

10
```
            1 8
  0. 2 6) 4 . 6 8
           2 6
           ───
           2 0 8
           2 0 8
           ─────
               0
```

11
```
           4 . 4
  0. 7) 3 . 0 8
         2 8
         ──
           2 8
           2 8
           ──
            0
```

12
```
           0 . 6
  1. 9) 1 . 1 4
         1 1 4
         ─────
             0
```

13
```
            3 0
  0. 8) 2 4 . 0
         2 4
         ──
          0
```

14
```
           1 1 0
  3. 8) 4 1 8 . 0
         3 8
         ──
           3 8
           3 8
           ──
            0
```

[15~16] 몫을 반올림하여 주어진 자리까지 나타내어 보세요.

15 소수 첫째 자리까지 나타내기
```
       3 . 4 2
  7) 2 4 . 0 0
     2 1
     ──
     3 0
     2 8
     ──
       2 0
       1 4
       ──
        6
```
3.4)

16 소수 둘째 자리까지 나타내기
```
       8 . 4 8 8
  9) 7 6 . 4 0 0
     7 2
     ──
      4 4
      3 6
      ──
       8 0
       7 2
       ──
        8 0
        7 2
        ──
         8
```
8.49)

1 자연수의 나눗셈을 이용하여 소수의 나눗셈을 계산하려고 합니다. □ 안에 알맞은 수를 써넣으세요.

❶
$185 \div 5 = \boxed{37}$
$18.5 \div 0.5 = \boxed{37}$
$1.85 \div 0.05 = \boxed{37}$

❷
$651 \div 3 = \boxed{217}$
$65.1 \div 0.3 = \boxed{217}$
$6.51 \div 0.03 = \boxed{217}$

2 □ 안에 알맞은 수를 써넣으세요.

❶ $10.8 \div 1.2 = \dfrac{\boxed{108}}{10} \div \dfrac{\boxed{12}}{10} = \boxed{108} \div \boxed{12} = \boxed{9}$

❷ $14.7 \div 0.21 = \dfrac{\boxed{1470}}{100} \div \dfrac{\boxed{21}}{100} = \boxed{1470} \div \boxed{21} = \boxed{70}$

3 계산을 하세요.

❶
```
        5 7
0.03)1.7 1
      1 5
        2 1
        2 1
          0
```

❷
```
       1 4.7
0.6)8.8 2
     6
     2 8
     2 4
       4 2
       4 2
         0
```

4 계산 결과가 <u>다른</u> 하나를 찾아 기호를 써 보세요.

┌───┐
│ ㉠ 4.32÷0.12   ㉡ 432÷12   ㉢ 43.2÷0.12   ㉣ 43.2÷1.2 │
└───┘

(㉢   )

5 계산 결과의 크기를 비교하여 ○ 안에 >, =, <를 알맞게 써넣으세요.

```
      2 7                          4 0
22)5 9 4    5.94÷0.22 (<) 7.2÷0.18  18)7 2 0
    4 4                            7 2
    1 5 4                              0
    1 5 4
        0
```

6 나눗셈을 계산하고 ㉠은 ㉡의 몇 배인지 구해 보세요.

┌─────────────────────────────────────┐
│ 816÷3=㉠   8.16÷0.3=㉡ │
└─────────────────────────────────────┘

▶ ㉠ 272   ㉡ 27.2   (10   )배

7 나눗셈의 몫을 반올림하여 소수 첫째 자리까지 나타낸 수를 빈칸에 써넣으세요.

▶ 6÷13=0.46……
  → 0.5
14.2÷3.1=4.58……
  → 4.6

6	13	0.5
14.2	3.1	4.6

8 집에서 공원까지의 거리는 3.15 km이고, 집에서 학교까지의 거리는 0.57 km입니다. 집에서 공원까지의 거리는 집에서 학교까지의 거리의 몇 배인지 소수 둘째 자리까지 나타내어 보세요.

▶ 3.15÷0.57=5.526…… → 5.53   (5.53   )배

9 8.27 L의 주스를 0.3 L씩 컵에 나누어 담으려고 합니다. 필요한 컵의 수와 남는 주스의 양을 구해 보세요.

필요한 컵의 수 (27   )개
남는 주스의 양 (0.17   ) L

▶ 8.27÷0.3의 몫을 자연수까지만 구하면 27이고 0.17 L가 남습니다.

1 밑변이 3.2 cm인 삼각형의 넓이가 2.88 cm²일 때 높이는 몇 cm인지 구해 보세요.

3.2 cm

▶ $3.2 \times \square \times \dfrac{1}{2} = 2.880$이므로   (1.8   ) cm
   □=2.88÷1.6=1.8입니다.

2 감자와 고구마의 가격입니다. 감자와 고구마를 각각 1 kg씩 산다면 모두 얼마를 내야 하는지 구해 보세요.

┌─────────────────────┐
│ 감자: 2.5 kg에 5500원 │
│ 고구마: 1.8 kg에 6300원 │
└─────────────────────┘

▶ 감자 1 kg의 가격은 5500÷2.5=2200(원)이고   (5700   )원
   고구마 1 kg의 가격은 6300÷1.8=3500(원)입니다.

3 어떤 수를 0.4로 나누어야 하는데 잘못하여 0.4를 곱했더니 11.2가 되었습니다. 바르게 계산한 값은 얼마인지 풀이 과정을 쓰고 답을 구해 보세요.

풀이 **예** **어떤 수를 □라고 하면 □×0.4=11.2, □=11.2÷0.4=28입니다.**

따라서 바르게 계산하면 28÷0.4=70입니다.

답   70

4 우유 12.5 L를 컵에 똑같이 담아 나누어 주려고 합니다. 남는 우유의 양이 가장 적은 경우를 찾아 ○표 하세요.

한 사람에게 0.3 L씩 나누어 줄 때	한 사람에게 0.4 L씩 나누어 줄 때	한 사람에게 0.6 L씩 나누어 줄 때
( )	(○)	( )

▶ 12.5÷0.3=41…0.2   12.5÷0.4=31…0.1   12.5÷0.6=20…0.5

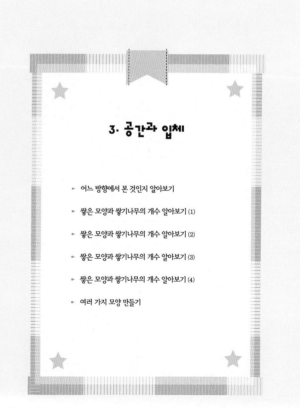

3. 공간과 입체

▶ 어느 방향에서 본 것인지 알아보기

▶ 쌓은 모양과 쌓기나무의 개수 알아보기 (1)

▶ 쌓은 모양과 쌓기나무의 개수 알아보기 (2)

▶ 쌓은 모양과 쌓기나무의 개수 알아보기 (3)

▶ 쌓은 모양과 쌓기나무의 개수 알아보기 (4)

▶ 여러 가지 모양 만들기

3. 공간과 입체

어느 방향에서 본 것인지 알아보기

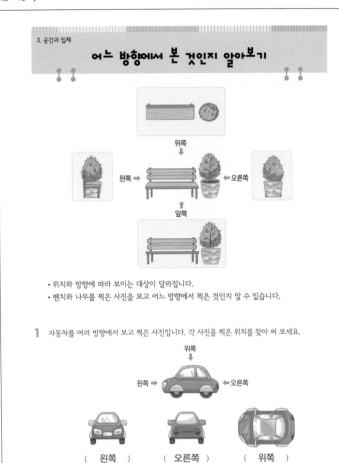

위쪽

왼쪽 ➡ ⬅ 오른쪽

앞쪽

- 위치와 방향에 따라 보이는 대상이 달라집니다.
- 벤치와 나무를 찍은 사진을 보고 어느 방향에서 찍은 것인지 알 수 있습니다.

1 자동차를 여러 방향에서 보고 찍은 사진입니다. 각 사진을 찍은 위치를 찾아 써 보세요.

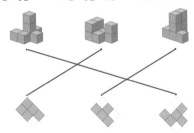

위쪽

왼쪽 ➡ ⬅ 오른쪽

(왼쪽) (오른쪽) (위쪽)

2 학교를 여러 방향에서 찍은 사진을 보고 누가 찍은 사진인지 찾아 이름을 써 보세요.

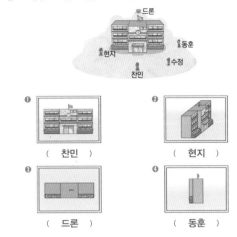

드론
동훈
현지
수정
찬민

❶ (찬민) ❷ (현지)

❸ (드론) ❹ (동훈)

3 여러 방향에서 사진을 찍을 때, 나올 수 없는 사진을 찾아 ✕표 하세요.

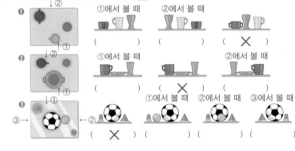

①에서 볼 때 ( ) ②에서 볼 때 ( ) (✕)

①에서 볼 때 (✕) ②에서 볼 때 ( )

①에서 볼 때 (✕) ②에서 볼 때 ( ) ③에서 볼 때 ( )

---

3. 공간과 입체

쌓은 모양과 쌓기나무의 개수 알아보기(1)

- 쌓기나무로 쌓은 모양과 위에서 본 모양을 보고 쌓은 개수를 구할 수 있습니다.

위에서 본 모양

➡ 쌓기나무로 쌓은 모양에서 보이는 위의 면과 위에서 본 모양이 같으므로 보이지 않는 부분에 숨겨진 쌓기나무가 없습니다.
따라서 쌓기나무 9개로 쌓은 모양입니다.

- 쌓기나무로 쌓은 모양과 위에서 본 모양을 보고 쌓은 모양을 추측할 수 있습니다.

위에서 본 모양

➡ 쌓기나무로 쌓은 모양에서 보이는 위의 면과 위에서 본 모양이 다르므로 보이지 않는 부분에 숨겨진 쌓기나무가 있습니다.
따라서 쌓기나무 11개 또는 12개로 쌓은 모양입니다.

1 쌓기나무로 쌓은 모양을 보고 위에서 본 모양을 그렸습니다. 관계있는 것끼리 선으로 이어 보세요.

2 보이지 않는 부분에 숨겨진 쌓기나무가 있을 수 있는 모양을 찾아 기호를 써 보세요.

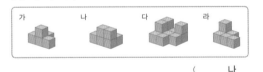

가 나 다 라

(나)

3 쌓기나무를 보기와 같은 모양으로 쌓았습니다. 돌렸을 때 보기와 같은 모양을 만들 수 없는 것을 찾아 기호를 써 보세요.

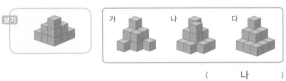

보기 가 나 다

(나)

4 주어진 모양과 똑같이 쌓는 데 필요한 쌓기나무의 개수를 구해 보세요.

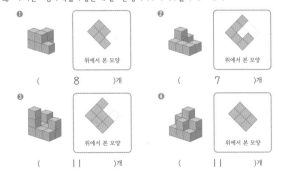

❶ 위에서 본 모양 (8)개

❷ 위에서 본 모양 (7)개

❸ 위에서 본 모양 (11)개

❹ 위에서 본 모양 (11)개

쌓은 모양과 쌓기나무의 개수 알아보기(2)

3. 공간과 입체

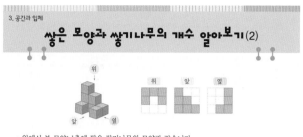

- 위에서 본 모양: 1층에 쌓은 쌓기나무의 모양과 같습니다.
- 앞, 옆에서 본 모양: 각 방향에서 가장 높은 층의 모양과 같습니다.

1 쌓기나무 10개로 쌓은 모양입니다. 어느 방향에서 본 모양인지 찾아 ( ) 안에 위, 앞, 옆을 써 보세요.

(옆) (위) (앞)

2 쌓기나무로 쌓은 모양을 위, 앞, 옆에서 본 모양입니다. 물음에 답하세요.

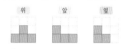

❶ 쌓은 모양으로 알맞은 것에 ○표 하세요.

( ) (○)

❷ 똑같은 모양으로 쌓는 데 필요한 쌓기나무는 몇 개인가요?

(5)개

3 다음은 쌓기나무 8개로 쌓은 모양입니다. 옆에서 본 모양이 다른 것을 찾아 기호를 써 보세요.

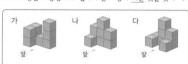

▶ 옆에서 본 모양을 그려 보면 다음과 같습니다. (가)

4 쌓기나무로 쌓은 모양과 이를 위에서 본 모양입니다. 앞과 옆에서 본 모양을 각각 그려 보세요.

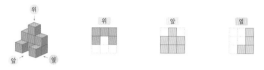

5 쌓기나무 9개로 쌓은 모양을 보고 위, 앞, 옆에서 본 모양을 각각 그려 보세요.

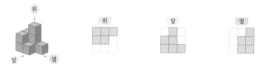

6 쌓기나무로 쌓은 모양을 위, 앞, 옆에서 본 모양입니다. 똑같은 모양으로 쌓는 데 필요한 쌓기나무의 개수를 구해 보세요.

▶ • 위에서 본 모양은 1층의 모양입니다. (9)개
• 앞과 옆에서 본 모양은 각 방향에서 가장 높은 층의 모양입니다.
따라서 필요한 쌓기나무의 수는 9개입니다.

쌓은 모양과 쌓기나무의 개수 알아보기(3)

3. 공간과 입체

- 위에서 본 모양의 각 자리에 쌓은 쌓기나무의 개수를 써서 쌓기나무의 개수를 구할 수 있습니다.

➡ 똑같은 모양으로 쌓는 데 필요한 쌓기나무는 1+3+2+1+2+1=10(개)입니다.

1 쌓기나무로 쌓은 모양을 보고 위에서 본 모양의 각 자리에 수를 써넣으세요.

2 쌓기나무로 쌓은 모양을 보고 위에서 본 모양에 수를 썼습니다. 쌓기나무로 쌓은 모양으로 알맞은 것에 ○표 하세요.

(○) ( )

3 쌓기나무로 쌓은 모양을 보고 위에서 본 모양에 수를 썼습니다. 똑같은 모양으로 쌓는 데 필요한 쌓기나무는 몇 개인지 구해 보세요.

(14)개

4 쌓기나무로 쌓은 모양을 보고 위에서 본 모양에 수를 쓴 것입니다. 앞에서 본 모양은 '앞', 옆에서 본 모양은 '옆'이라고 써 보세요.

(옆) (앞)

5 쌓기나무로 쌓은 모양을 보고 위에서 본 모양에 수를 썼습니다. 이 모양을 앞과 옆에서 본 모양을 각각 그려 보세요.

❶
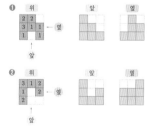

❷

6 쌓기나무로 쌓은 모양을 위, 앞, 옆에서 본 모양을 보고 ㉠, ㉡, ㉢, ㉣, ㉤에 알맞은 수를 구해 보세요.

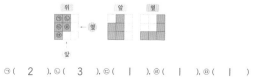

㉠(2), ㉡(3), ㉢(1), ㉣(1), ㉤(1)

3. 공간과 입체

쌓은 모양과 쌓기나무의 개수 알아보기(4)

• 위에서 본 모양에서 같은 위치에 있는 층은 같은 위치에 그림을 그립니다.

3층 →
2층 →
1층 →
앞

1층 2층 3층
앞 앞 앞

➡ 각 층에 사용된 쌓기나무는 1층에 6개, 2층에 3개, 3층에 1개이므로 똑같은 모양으로 쌓는 데 필요한 쌓기나무는 6+3+1=10(개)입니다.

1 쌓기나무 6개로 쌓은 모양을 보고 1층과 2층 모양을 각각 그려 보세요.

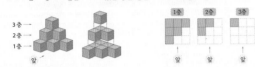

앞

1층 2층
앞 앞

2 쌓기나무로 쌓은 모양과 1층 모양을 보고 2층과 3층 모양을 각각 그려 보세요.

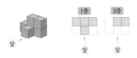

앞

1층 2층 3층
앞 앞 앞

3 쌓기나무로 쌓은 모양을 층별로 나타낸 모양입니다. 바르게 쌓은 모양을 찾아 ○표 하세요.

1층 2층 3층
앞 앞 앞

( )   (○)

4 층별로 나타낸 모양을 보고 똑같은 모양으로 쌓는 데 필요한 쌓기나무의 개수를 알아보려고 합니다. □ 안에 알맞은 수를 써넣으세요.

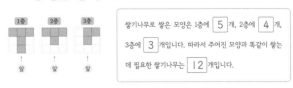

1층 2층 3층
앞 앞 앞

쌓기나무로 쌓은 모양은 1층에 5 개, 2층에 4 개, 3층에 3 개입니다. 따라서 주어진 모양과 똑같이 쌓는 데 필요한 쌓기나무는 12 개입니다.

5 쌓기나무로 쌓은 모양을 층별로 나타낸 모양입니다. 위에서 본 모양에 수를 쓰는 방법으로 나타내고, 똑같은 모양으로 쌓는 데 필요한 쌓기나무의 개수를 구해 보세요.

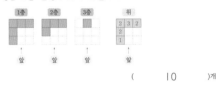

1층 2층 3층 위
앞 앞 앞 앞

(10)개

6 쌓기나무로 모양을 3층까지 쌓으려고 합니다. 각 층이 될 수 있는 모양을 찾아 기호를 써 보세요.

가 나 다

1층 (나), 2층 (가), 3층 (다)

7 쌓기나무로 쌓은 모양을 층별로 나타낸 모양입니다. 똑같은 모양으로 쌓는 데 필요한 쌓기나무의 개수를 구해 보세요.

1층 2층 3층

(11)개

3. 공간과 입체

여러 가지 모양 만들기

• 쌓기나무 3개로 만들 수 있는 서로 다른 모양은 모두 2가지입니다.

• 만든 모양을 뒤집거나 돌려서 같은 것은 같은 모양입니다.

  =

•  모양을 사용하여 새로운 모양을 만들 수 있습니다.

, , , ……

1 쌓기나무로 만든 모양입니다. 서로 같은 모양을 찾아 선으로 이어 보세요.

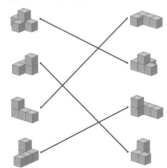

2 왼쪽 모양에 쌓기나무를 1개 더 붙여서 만들 수 있는 모양을 모두 찾아 기호를 써 보세요.

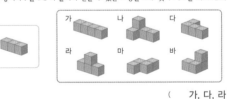

가 나 다
라 마 바

(가, 다, 라)

3 나머지와 다른 모양 하나를 찾아 기호를 써 보세요.

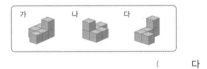

가 나 다

(다)

4 왼쪽 모양에 쌓기나무를 1개 더 붙여 그려서 서로 다른 모양을 만들어 보세요.

예

5 쌓기나무를 4개씩 붙여서 만든 두 가지 모양을 사용하여 새로운 모양을 만들었습니다. 어떻게 만들었는지 구분하여 색칠해 보세요.

❶   ❷

3. 공간과 입체 **연습 문제**

1 주어진 모양과 똑같이 쌓는 데 필요한 쌓기나무의 개수를 구해 보세요.

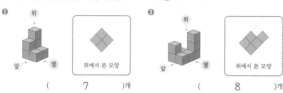

① (7)개   ② (8)개

2 쌓기나무로 쌓은 모양과 이를 위에서 본 모양입니다. 앞과 옆에서 본 모양을 각각 그려 보세요.

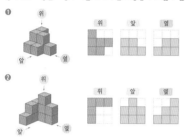

3 쌓기나무로 쌓은 모양을 위, 앞, 옆에서 본 모양입니다. 똑같은 모양으로 쌓는 데 필요한 쌓기나무의 개수를 구해 보세요.

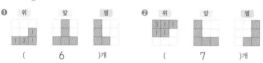

① (6)개   ② (7)개

4 쌓기나무로 쌓은 모양을 보고 위에서 본 모양에 수를 써 보세요.

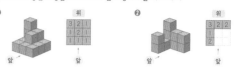

5 쌓기나무로 쌓은 모양을 보고 위에서 본 모양에 수를 썼습니다. 앞, 옆에서 본 모양을 그려 보세요.

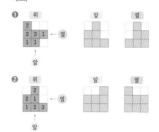

6 쌓기나무로 쌓은 모양을 보고 1층과 2층 모양을 각각 그려 보세요.

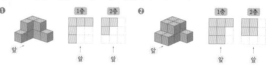

---

3. 공간과 입체 **단원 평가**

1 돌하르방을 여러 방향에서 보고 찍은 사진입니다. 각 사진을 찍은 위치를 찾아 써 보세요.

(뒤쪽)   (오른쪽)

2 주어진 모양과 똑같이 쌓는 데 필요한 쌓기나무의 개수가 더 많은 것의 기호를 써 보세요.

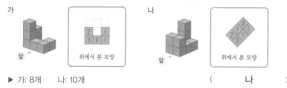

▶ 가: 8개   나: 10개

(나)

3 쌓기나무로 쌓은 모양을 앞에서 본 모양을 그렸습니다. 관계있는 것끼리 이어 보세요.

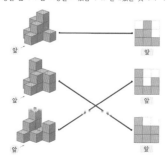

4 쌓기나무로 쌓은 모양을 위, 앞, 옆에서 본 모양입니다. 똑같은 모양을 만드는 데 필요한 쌓기나무는 몇 개인지 구해 보세요.

(10)개

5 쌓기나무로 쌓은 모양을 보고 위에서 본 모양의 각 자리에 쌓은 쌓기나무의 개수를 써넣고, 똑같은 모양으로 쌓는 데 필요한 쌓기나무의 개수를 구해 보세요.

(10)개

6 쌓기나무 10개로 쌓은 모양입니다. 앞에서 본 모양과 옆에서 본 모양이 같아지도록 쌓기나무 1개를 더 쌓으려고 합니다. 쌓아야 하는 위치에 ○표 하세요.

▶ 앞과 옆에서 본 모양입니다.
초록색 부분에 쌓기나무가 있어야
하고 표시해 보면 그림과 같습니다.

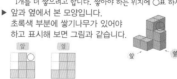

7 쌓기나무로 쌓은 모양을 층별로 나타낸 모양을 보고 쌓은 모양을 찾아 기호를 써 보세요.

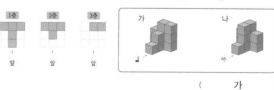

(가)

3. 공간과 입체 실력 키우기

1 다음과 같이 윗면에 구멍이 있는 상자에 쌓기나무를 붙여서 만든 모양을 넣으려고 합니다. 상자에 넣을 수 있는 모양을 모두 찾아 기호를 써 보세요.

가   나   다   라

▶ 뒤집거나 돌려서 위에서 보았을 때 ⬜ 모양을 (나, 다, 라) 찾습니다.

2 쌓기나무로 쌓은 모양을 위, 앞, 옆에서 본 모양입니다. ⊙ 자리에 쌓은 쌓기나무는 몇 개인지 구해 보세요.

▶ 가 쌓기나무의 앞, 옆에서 본 모양을 그려 봅니다.

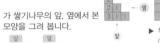

▶ 위에서 본 모양에 쌓기나무 수를 적어 보면 ⊙은 3입니다.

(3)개

3 쌓기나무 10개씩을 사용하여 조건을 모두 만족하도록 쌓았습니다. 나 모양을 위에서 본 모양에 수를 써서 나타내어 보세요.

조건
• 가와 나의 쌓은 모양은 서로 다릅니다.
• 위, 앞, 옆에서 본 모양이 각각 서로 같습니다.

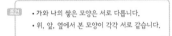

4 쌓기나무로 쌓은 모양을 층별로 나타낸 모양을 보고 위, 앞, 옆에서 본 모양을 각각 그려 보세요.

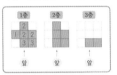 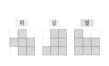

▶ 1층 모양에 쌓기나무의 개수를 써 봅니다.

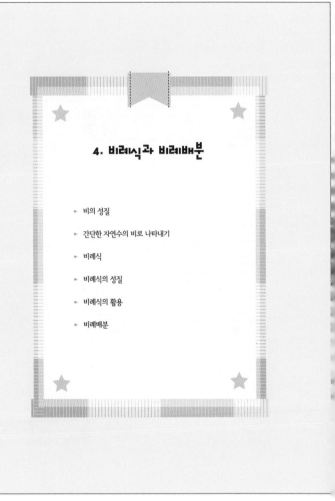

4. 비례식과 비례배분

✦ 비의 성질

✦ 간단한 자연수의 비로 나타내기

✦ 비례식

✦ 비례식의 성질

✦ 비례식의 활용

✦ 비례배분

---

4. 비례식과 비례배분 비의 성질

• 비 2 : 3에서 기호 ':' 앞에 있는 2를 전항, 뒤에 있는 3을 후항이라고 합니다.
• 비의 전항과 후항에 0이 아닌 같은 수를 곱하여도 비율은 같습니다.

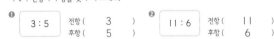

$2 : 3 \Rightarrow \dfrac{2}{3}$
$4 : 6 \Rightarrow \dfrac{4}{6} = \dfrac{2}{3}$ ⎬ 비율이 같습니다.

$2 : 3 \Rightarrow 4 : 6$ (×2, ×2)

• 비의 전항과 후항을 0이 아닌 같은 수로 나누어도 비율은 같습니다.

$12 : 18 \Rightarrow \dfrac{12}{18} = \dfrac{2}{3}$
$2 : 3 \Rightarrow \dfrac{2}{3}$ ⎬ 비율이 같습니다.

$12 : 18 \Rightarrow 2 : 3$ (÷6, ÷6)

1 비에서 전항과 후항을 찾아 써 보세요.

❶ 3 : 5   전항 (3)   후항 (5)

❷ 11 : 6   전항 (11)   후항 (6)

2 비의 성질을 이용하여 비율이 같은 비를 구하려고 합니다. ⬜ 안에 알맞은 수를 써넣으세요.

❶ (×2) 3 : 5   6 : [10] (×2)

❷ (×3) 7 : 4   [21] : 12 (×3)

❸ (÷3) 6 : 15   2 : [5] (÷3)

❹ (÷6) 36 : 24   [6] : 4 (÷6)

3 비의 성질을 이용하여 비율이 같은 비를 찾아 선으로 이어 보세요.

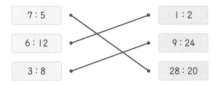

7 : 5   1 : 2
6 : 12   9 : 24
3 : 8   28 : 20

4 비의 전항과 후항에 0이 아닌 수를 곱하여 4 : 5와 비율이 같은 비를 2개 써 보세요.

예 (8 : 10 , 12 : 15)

▶ 전항과 후항에 2, 3, 4, …를 곱한 값을 적습니다.

5 비의 비율이 모두 같도록 ⊙과 ⓒ에 알맞은 수를 각각 구해 보세요.

96 : 36   ⊙ : 18   16 : ⓒ

▶ 96 : 36 → ⊙ : 18 (÷2)   96 : 36 → 16 : ⓒ (÷6)

⊙ (48)
ⓒ (6)

6 가로와 세로의 비가 2 : 1과 비율이 같은 직사각형을 모두 찾아 기호를 써 보세요.

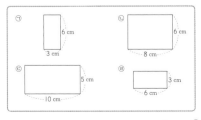

(ⓒ, ⓔ)

4. 비례식과 비례배분
간단한 자연수의 비로 나타내기

• 자연수의 비를 간단한 자연수의 비로 나타내기

전항과 후항을 두 수의 최대공약수로 나눕니다.

$$30 : 24 \xrightarrow{\div 6} 5 : 4$$

• 소수의 비를 간단한 자연수의 비로 나타내기

전항과 후항에 10, 100, 1000……을 곱하여 자연수의 비로 나타낸 다음 전항과 후항을 두 수의 최대공약수로 나눕니다.

$$0.21 : 1.4 \xrightarrow{\times 100} 21 : 140 \Rightarrow 21 : 140 \xrightarrow{\div 7} 3 : 20$$

• 분수의 비를 간단한 자연수의 비로 나타내기

전항과 후항에 분모의 최소공배수를 곱하여 자연수의 비로 나타낸 다음 전항과 후항을 두 수의 최대공약수로 나눕니다.

$$\frac{2}{3} : \frac{4}{5} \xrightarrow{\times 15} 10 : 12 \Rightarrow 10 : 12 \xrightarrow{\div 2} 5 : 6$$

1 □ 안에 알맞은 수를 써넣어 간단한 자연수의 비로 나타내어 보세요.

❶ $1.5 : 0.8 \xrightarrow{\times 10} 15 : \boxed{8}$

❷ $0.13 : 0.18 \xrightarrow{\times 100} \boxed{13} : \boxed{18}$

❸ $\frac{3}{5} : \frac{1}{4} \xrightarrow{\times 20} 12 : \boxed{5}$

❹ $\frac{2}{3} : \frac{3}{8} \xrightarrow{\times 24} \boxed{16} : \boxed{9}$

2 $1.2 : \frac{1}{2}$ 을 간단한 자연수의 비로 나타내려고 합니다. 물음에 답하세요.

❶ 후항을 소수로 바꾸어 간단한 자연수의 비로 나타내기

$$1.2 : \frac{1}{2} \Rightarrow 1.2 : \boxed{0.5} \Rightarrow \boxed{12} : \boxed{5}$$

❷ 전항을 분수로 바꾸어 간단한 자연수의 비로 나타내기

$$1.2 : \frac{1}{2} \Rightarrow \boxed{\frac{12}{10}} : \frac{1}{2} \Rightarrow \boxed{12} : \boxed{5}$$

3 간단한 자연수의 비로 나타내어 보세요.

❶ $36 : 42 \Rightarrow (\quad 6 : 7 \quad)$

❷ $0.4 : 4.8 \Rightarrow (\quad 1 : 12 \quad)$

❸ $\frac{2}{3} : \frac{3}{7} \Rightarrow (\quad 14 : 9 \quad)$

❹ $0.7 : \frac{1}{5} \Rightarrow (\quad 7 : 2 \quad)$

▶ ❶ 최대공약수 6으로 나눕니다. ❷ 10을 곱한 후 4로 나눕니다.

❸ 분모의 최소공배수 21을 곱합니다. ❹ $\frac{1}{5}$ 을 소수로 나타낸 후 10을 곱합니다.

4 간단한 자연수의 비로 나타낼 때 1 : 4로 나타낼 수 있는 것을 모두 찾아 ○표 하세요.

$32 : 8$	$0.01 : 0.04$	$\frac{1}{5} : \frac{12}{15}$
( )	(○)	(○)

▶ $\frac{1}{5} : \frac{12}{15} \rightarrow 3 : 12 \rightarrow 1 : 4$

5 세진이와 정우는 1시간 동안 수학 공부를 하였습니다. 세진이는 전체의 $\frac{2}{5}$ 만큼, 정우는 전체의 0.6만큼 문제를 풀었습니다. 세진이와 정우가 각각 1시간 동안 푼 문제 양의 비를 간단한 자연수의 비로 나타내어 보세요.

▶ $\frac{2}{5} : 0.6 \rightarrow 0.4 : 0.6 \rightarrow 4 : 6 \rightarrow 2 : 3$ (2 : 3)

6 주혜는 딸기 3 kg과 설탕 2.5 kg을 넣어서 딸기 잼을 만들었습니다. 딸기 잼을 만들 때 사용한 딸기의 양과 설탕의 양의 비를 간단한 자연수의 비로 나타내어 보세요.

▶ $3 : 2.5 \rightarrow 30 : 25 \rightarrow 6 : 5$ (6 : 5)

4. 비례식과 비례배분
비례식

• 비례식: 비율이 같은 두 비를 기호 '='를 사용하여 2 : 3 = 6 : 9와 같이 나타내는 식

$$\underset{\text{내항}}{\overset{\text{외항}}{2 : 3 = 6 : 9}}$$

비례식 2 : 3 = 6 : 9에서
바깥쪽에 있는 2와 9를 외항이라고 하고,
안쪽에 있는 3과 6을 내항이라고 합니다.

1 □ 안에 알맞은 말을 써넣으세요.

비율이 같은 두 비를 기호 '='를 사용하여
4 : 3 = 8 : 6과 같이 나타낸 식을 **비례식** (이)라고 합니다.

2 비례식을 보고 외항과 내항을 찾아 써 보세요.

❶ $1 : 3 = 3 : 9$
외항 (1, 9)
내항 (3, 3)

❷ $5 : 4 = 25 : 20$
외항 (5, 20)
내항 (4, 25)

3 비례식을 바르게 나타낸 것을 모두 찾아 ○표 하세요.

$7 : 2 = 14 : 9$ ( )

$3 : 8 = 21 : 56$ (○) ▶ • 3 : 8의 전항과 후항에 각각 7을 곱하면 21 : 56입니다.

$2 : 11 = 0.2 : 1.1$ (○) • 2 : 11의 전항과 후항에 각각 $\frac{1}{10}$ 을 곱하면 0.2 : 1.1입니다.

4 비례식을 보고 옳은 설명에 ○표, 잘못된 설명에 ×표 하세요.

$$4 : 3 = 16 : 12$$

❶ 비율은 $\frac{3}{4}$ 입니다. (×) ▶ 비율은 $\frac{4}{3}$ 입니다.

❷ 내항은 3과 16입니다. (○)

❸ 외항은 3과 12입니다. (×) ▶ 외항은 4와 12입니다.

5 비율이 같은 비를 찾아 비례식을 세우려고 합니다. □ 안에 알맞은 비를 찾아 기호를 써 보세요.

$$7 : 5 = \boxed{}$$

㉠ 5 : 7	㉡ 28 : 15	㉢ 35 : 25

(㉢)

▶ 7 : 5의 전항, 후항에 0이 아닌 같은 수를 곱하거나 나누어 같은 비율이 되는 것을 찾습니다.

6 비율이 같은 두 비를 찾아 비례식을 세워 보세요.

5 : 2	15 : 9	4 : 10	5 : 3	6 : 10

(예 15 : 9 = 5 : 3)

7 두 비율로 비례식을 세워 보세요.

$$\frac{4}{7} = \frac{16}{28}$$

(예 4 : 7 = 16 : 28)

4. 비례식과 비례배분

비례식의 성질

비례식에서 외항의 곱과 내항의 곱은 같습니다.

$$3 \times 10 = 30$$
$$3 : 5 = 6 : 10 \Rightarrow 외항의 곱과 내항의 곱은 30으로 같습니다.$$
$$5 \times 6 = 30$$

1 비례식의 성질을 이용하여 다음 식이 비례식인지 알아보려고 합니다. 물음에 답하세요.

$$2 : 7 = 4 : 14$$

❶ 외항의 곱과 내항의 곱을 각각 구해 보세요.

외항의 곱 (28)
내항의 곱 (28)

❷ 알맞은 말에 ○표 하세요.

2 : 7 = 4 : 14는 (비례식입니다), 비례식이 아닙니다).

2 비례식을 찾아 ○표 하세요.

$$6 : 5 = \frac{1}{5} : \frac{1}{6}$$
(○)

$$10 : 30 = 9 : 3$$
( )

▶ $5 \times \frac{1}{5} = 1$, $6 \times \frac{1}{6} = 1$
내항과 외항의 곱은 같습니다.

$30 \times 9 = 270$, $10 \times 3 = 30$

3 비례식의 성질을 이용하여 □ 안에 알맞은 수를 써넣으세요.

❶ 1 : 3 = 2 : 6

❷ 2 : 9 = 10 : 45

❸ 3 : 10 = 2.4 : 8

❹ $\frac{1}{2} : \frac{2}{3} = 3 : 4$

4 외항의 곱이 80일 때, ㉠과 ㉡에 알맞은 수를 구해 보세요.

㉠ : ㉡ = 5 : 8

㉠ (10)
㉡ (16)

▶ ㉠ × 8 = 80   ㉠ = 10
㉡ × 5 = 80   ㉡ = 16

5 □ 안에 들어갈 수가 더 작은 비례식의 기호를 써 보세요.

㉠ □ : 100 = 1 : 25
㉡ 4 : 15 = □ : 30

(㉠)

▶ ㉠ □ × 25 = 100 × 1, □ × 25 = 100, □ = 4
㉡ 4 × 30 = 15 × □, 15 × □ = 120, □ = 8

6 수 카드 중에서 4장을 골라 비례식을 1개 만들어 보세요.

2 3 4 6 8 9

(예 2 : 3 = 4 : 6)

▶ 이외에도 여러 가지가 가능합니다.

---

4. 비례식과 비례배분

비례식의 활용

4분 동안 10 L의 물이 일정하게 나오는 수도로 40 L들이의 물통을 가득 채우는 데 걸리는 시간 구하기

❶ 구하려는 것을 □라고 놓기
➡ 물통을 가득 채우는 데 걸리는 시간을 □분이라고 놓습니다.

❷ □를 이용하여 비례식 세우기
➡ 4 : 10 = □ : 40

❸ □의 값 구하기

방법1 비례식의 성질 이용하기
비례식에서 외항과 내항의 곱은 같습니다.
$4 \times 40 = 10 \times □$, $□ = 16$

방법2 비의 성질 이용하기

$$4 : 10 = □ : 40, □ = 4 \times 4 = 16$$
(×4)

❹ 답 구하기
➡ 40 L들이의 물통을 가득 채우는 데 걸리는 시간은 16분입니다.

1 문제를 읽고 물음에 답하세요.

과자가 3개에 2000원입니다. 똑같은 과자 9개의 가격은 얼마인가요?

❶ 똑같은 과자 9개의 가격을 □원이라 놓고 비례식을 바르게 세운 것을 찾아 ○표 하세요.

3 : 2000 = □ : 9
( )

3 : 2000 = 9 : □
(○)

❷ 과자 9개의 가격은 얼마인가요?
▶ 비례식의 성질을 이용합니다. (6000)원
$2000 \times 9 = 3 \times □$, $□ = 6000$

2 소망초등학교 6학년 남학생 수와 여학생 수의 비는 5 : 4입니다. 남학생이 100명이면 여학생은 몇 명인지 구하려고 합니다. 물음에 답하세요.

❶ 여학생 수를 □명이라 하고 비례식을 세워 보세요.
(5 : 4 = 100 : □)

❷ 여학생은 몇 명인가요?
(80)명
▶ $5 \times □ = 4 \times 100$, $5 \times □ = 400$, $□ = 80$

3 문방구에서 공책 2권을 900원에 판매할 때, 공책 10권의 가격은 얼마인가요?
(4500)원
▶ 2 : 900 = 10 : □
$2 \times □ = 900 \times 10$, $2 \times □ = 9000$, $□ = 4500$

4 높이가 8 m인 건물의 그림자 길이가 4 m입니다. 같은 시각, 같은 장소에 생긴 나무의 그림자 길이가 2 m라면 나무의 높이는 몇 m인가요?
(4)m
▶ 8 : 4 = □ : 2
$8 \times 2 = 4 \times □$, $4 \times □ = 16$, $□ = 4$

5 휘발유 5 L로 60 km를 갈 수 있는 자동차가 있습니다. 이 자동차로 300 km를 달리려면 휘발유가 몇 L 필요한지 필요한 휘발유의 양을 □ L라 하여 비례식을 세우고 답을 구해 보세요.

비례식 ___5 : 60 = □ : 300___

답 ___25___ L

6 어느 영화관의 어른과 초등학생의 입장료의 비는 6 : 5입니다. 어른의 입장료가 15000원일 때, 초등학생의 입장료는 얼마인지 풀이 과정을 쓰고 답을 구해 보세요.

풀이 예 초등학생의 입장료를 □원이라 하여 비례식을 세워 보면

6 : 5 = 15000 : □입니다. $6 \times □ = 5 \times 15000$, $6 \times □ = 75000$,

□ = 12500입니다.   답 ___12500___ 원

4. 비례식과 비례배분

비례배분

- 비례배분: 전체를 주어진 비로 배분하는 것

- 전체를 ㉠ : ㉡ = ■ : ▲로 비례배분하는 방법

  ㉠=(전체)×$\dfrac{■}{■+▲}$, ㉡=(전체)×$\dfrac{▲}{■+▲}$

- 10을 2 : 3으로 나누기

  $10×\dfrac{2}{2+3}=4, 10×\dfrac{3}{2+3}=6$ ➡ 10을 2 : 3으로 나누면 4와 6입니다.

1 귤 9개를 세희와 정후가 1 : 2로 나누어 가지려고 합니다. 세희와 정후가 각각 몇 개를 가져야 하는지 그림으로 나타내고 □ 안에 알맞은 수를 써넣으세요.

세희   정후

❶ 세희가 갖는 귤은 전체 $\boxed{9}$ 개의 $\dfrac{\boxed{1}}{\boxed{3}}$ 이므로 $\boxed{3}$ 개입니다.

❷ 정후가 갖는 귤은 전체 $\boxed{9}$ 개의 $\dfrac{\boxed{2}}{\boxed{3}}$ 이므로 $\boxed{6}$ 개입니다.

2 27을 4 : 5로 비례배분해 보세요.

$27×\dfrac{4}{4+\boxed{5}}=27×\dfrac{4}{\boxed{9}}=\boxed{12}$

$27×\dfrac{\boxed{5}}{4+\boxed{5}}=27×\dfrac{\boxed{5}}{\boxed{9}}=\boxed{15}$

3 6000원을 동생과 누나에게 2 : 3으로 나누어 주려고 합니다. 동생과 누나가 갖는 돈은 각각 얼마인지 구해 보세요.

동생: $6000×\dfrac{2}{2+3}=6000×\dfrac{2}{\boxed{5}}=\boxed{2400}$ (원)

누나: $6000×\dfrac{3}{\boxed{2}+\boxed{3}}=6000×\dfrac{3}{\boxed{5}}=\boxed{3600}$ (원)

4 120 cm짜리 끈을 학생 수에 따라 두 모둠이 나누어 가지려고 합니다. 세정이네 모둠은 5명, 연정이네 모둠은 3명일 때 각 모둠은 끈을 몇 cm씩 가지게 되는지 구해 보세요.

▶ 120을 5 : 3으로 비례배분합니다.   세정이네 모둠 (75   ) cm

세정이네 모둠은 $120×\dfrac{5}{8}=75$ (cm),   연정이네 모둠 (45   ) cm

연정이네 모둠은 $120×\dfrac{3}{8}=45$ (cm) 가지게 됩니다.

5 삼각형 ㄱㄴㄷ의 넓이는 35 cm²입니다. 삼각형 ㄱㄴㄹ의 넓이와 삼각형 ㄱㄹㄷ의 넓이는 각각 몇 cm²인지 구해 보세요.

4 cm³ cm

삼각형 ㄱㄴㄹ의 넓이 (20   ) cm²

삼각형 ㄱㄹㄷ의 넓이 (15   ) cm²

▶ 삼각형 ㄱㄴㄹ의 넓이: $35×\dfrac{4}{7}=20$ (cm²)   삼각형 ㄱㄹㄷ의 넓이: $35×\dfrac{3}{7}=15$ (cm²)

6 희망초등학교 6학년 학생 중 안경을 쓴 학생과 안경을 쓰지 않은 학생의 비가 1 : 4입니다. 6학년 학생이 모두 190명이라면 안경을 쓴 학생과 안경을 쓰지 않은 학생은 각각 몇 명인지 구해 보세요.

▶ 190을 1 : 4로 비례배분하면   안경을 쓴 학생 (38   )명

안경을 쓴 학생은 $190×\dfrac{1}{5}=38$ (명)이고   안경을 쓰지 않은 학생 (152   )명

안경을 쓰지 않은 학생은 $190×\dfrac{4}{5}=152$ (명)입니다.

---

4. 비례식과 비례배분

연습 문제

[1~4] 전항에 ○표, 후항에 △표 하세요.

1 ⊚:△

2 ⊚.⊚:△.⊚

3 ⊛⊚:△

4 $\dfrac{②}{⑦}$:△

[5~8] 간단한 자연수의 비로 나타내어 보세요.

5 2 : 18 ➡ 1 : 9

6 1.8 : 0.9 ➡ 2 : 1

7 $\dfrac{2}{9}:\dfrac{2}{3}$ ➡ 1 : 3

8 $1.5:\dfrac{3}{4}$ ➡ 2 : 1

[9~12] 외항에 ○표, 내항에 △표 하세요.

9 ②:△=△:⑩

10 ④:△=△:㊺

11 ⑦:△=△:㊵

12 ②.⑤:△=△:㉚

[13~16] 비의 성질을 이용하여 비례식을 만들려고 합니다. □ 안에 알맞은 수를 써넣으세요.

13
×10
1 : 1.5 = 10 : $\boxed{15}$
×$\boxed{10}$

14
×3
8 : 13 = $\boxed{24}$: $\boxed{39}$
×$\boxed{3}$

15
÷$\boxed{4}$
28 : 20 = 7 : $\boxed{5}$
÷$\boxed{4}$

16
÷15
60 : 15 = $\boxed{4}$: $\boxed{1}$
÷$\boxed{15}$

[17~19] 비율이 같은 두 비를 찾아 비례식으로 나타내어 보세요.

17 | 1 : 8   3 : 16   3 : 24   8 : 42 | ➡ (예 1 : 8 = 3 : 24)

18 | 12 : 4   5 : 3   40 : 12   15 : 9 | ➡ (예 5 : 3 = 15 : 9)

19 | 18 : 5   24 : 2   36 : 6   6 : 1 | ➡ (예 36 : 6 = 6 : 1)

[20~25] 비례식의 성질을 이용하여 □ 안에 알맞은 수를 써넣으세요.

20
×3
8 : 3 = $\boxed{24}$: 9
×3

21
×2
7 : $\boxed{30}$ = 14 : 60
×2

22
÷0.6
3.6 : 1.2 = 6 : $\boxed{2}$
÷0.6

23
÷0.07
0.21 : 0.07 = $\boxed{3}$: 1
÷0.07

24
×28
$\dfrac{1}{4}:\dfrac{2}{7}=\boxed{7}:8$
×28

25
×$\dfrac{5}{6}$
$\dfrac{2}{5}:\boxed{6}=\dfrac{1}{3}:5$
×$\dfrac{5}{6}$

[26~28] □ 안의 수를 주어진 비로 비례배분하려고 합니다. □ 안에 알맞은 수를 써넣으세요.

26 $\boxed{12}$ $\boxed{1:5}$ ➡ (2 , 10)

27 $\boxed{20}$ $\boxed{3:2}$ ➡ (12 , 8)

28 $\boxed{150}$ $\boxed{4:1}$ ➡ (120 , 30)

4. 비례식과 비례배분 ━━━━ **단원 평가** ━━━━

1 비례식 1 : 3 = 3 : 9에 대하여 바르게 설명한 것을 모두 찾아 기호를 써 보세요.

> ㉠ 전항은 1, 9입니다. ▶ : 앞에 있는 수 1, 3이 전항입니다.
> ㉡ 외항은 1, 9입니다.
> ㉢ 내항은 1, 3입니다. ▶ 3, 3이 내항입니다.
> ㉣ 1 : 3과 3 : 9의 비율은 $\frac{1}{3}$로 같습니다.

(㉡, ㉣)

2 비의 성질을 이용하여 □ 안에 알맞은 수를 써넣으세요.

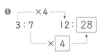

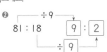

3 간단한 자연수의 비로 나타낸 것을 찾아 선으로 이어 보세요.

$\frac{7}{9} : \frac{1}{6}$ ── 1 : 4

$\frac{3}{20} : 0.6$ ── 14 : 3

4 비례식이 아닌 것을 찾아 기호를 써 보세요.

> ㉠ 1 : 6 = 2 : 12   ㉡ 0.5 : 0.8 = 10 : 16
> ㉢ 72 : 63 = 7 : 9   ㉣ $\frac{1}{4} : \frac{1}{6}$ = 3 : 2

(㉢)

▶ ㉢ 외항의 곱(72×9=648)과 내항의 곱(63×7=441)이 다릅니다.

5 비례식에서 외항의 곱과 내항의 곱을 각각 구하고, 비례식의 성질을 설명해 보세요.

> 2 : 5 = 10 : 25

• 외항의 곱: 2 × 25 = 50   • 내항의 곱: 5 × 10 = 50

비례식의 성질: _____ 외항의 곱과 내항의 곱은 서로 같습니다. _____

6 비례식의 성질을 이용하여 ●, ▲에 알맞은 수의 합을 구해 보세요.

> 3 : ● = 9 : 21   ▲ : 4 = 7 : 2
> ●=7   ▲=14 (21)

7 텔레비전 화면의 가로와 세로의 비는 16 : 9입니다. 텔레비전의 가로가 128 cm일 때, 세로는 몇 cm인가요?

▶ 16 : 9 = 128 : □   (72) cm
16×□=9×128, 16×□=1152, □=72

8 45를 2 : 7로 나누려고 합니다. 풀이 과정을 쓰고 답을 구해 보세요.

[풀이] 45를 비례배분하면 $45×\frac{2}{2+7}=45×\frac{2}{9}=10$,
$45×\frac{7}{2+7}=45×\frac{7}{9}=35$입니다.

[답] 10, 35

9 색종이 108장을 학생 수에 따라 두 모둠에 나누어 주려고 합니다. 형식이네 모둠은 5명, 서준이네 모둠은 7명이라면 색종이를 몇 장씩 나누어 주어야 하는지 구해 보세요.

▶ 108을 5 : 7로 나누면   형식이네 모둠 (45)장
형식이네 모둠은 $108×\frac{5}{5+7}=108×\frac{5}{12}=45$(장), 서준이네 모둠 (63)장
서준이네 모둠은 $108×\frac{7}{5+7}=108×\frac{7}{12}=63$(장) 나누어 주어야 합니다.

---

4. 비례식과 비례배분 ━━━━ **실력 키우기** ━━━━

1 $\frac{2}{5} : \frac{★}{15}$ 을 간단한 자연수의 비로 나타내었더니 6 : 11이 되었습니다. ★을 구해 보세요.

▶ 분모의 최소공배수 15를 곱하면 6 : ★입니다.   (11)
따라서 ★은 11입니다.

2 다음 조건에 맞게 비례식을 만들려고 합니다. 비례식을 완성해 보세요.

> • 비율은 $\frac{2}{3}$입니다.
> • 오른쪽 비는 왼쪽 비의 전항과 후항에 5를 곱했습니다.

2 : 3 = 10 : 15

3 삼각형의 높이와 밑변의 길이의 비는 2 : 3입니다. 이 삼각형의 넓이는 몇 cm²인가요?

15 cm

▶ 높이를 □ cm라고 하면
□ : 15 = 2 : 3입니다.
□×3=15×2, □×3=30, □=10입니다.   (75) cm²
따라서 삼각형의 넓이는 15×10÷2=75 (cm²)입니다.

4 가로가 30 m, 세로가 18 m인 직사각형 모양의 밭이 있습니다. 넓이의 비가 2 : 1이 되도록 나누어 오이와 가지를 키우려고 합니다. 가지 밭의 넓이는 몇 m²인가요?

▶ 전체 밭의 넓이는 30×18=540 (m²)입니다.
540을 2 : 1로 나누었을 때 가지 밭의 넓이는   (180) m²
$540×\frac{1}{3}=180$ (m²)입니다.

5 어느 날 낮과 밤의 길이가 7 : 5라면 낮은 밤보다 몇 시간 더 긴지 풀이 과정을 쓰고 답을 구해 보세요.

[풀이] 예 하루 24시간을 7 : 5로 나누면 낮은 $24×\frac{7}{7+5}=14$(시간)이고
밤은 $24×\frac{5}{7+5}=10$(시간)입니다. 따라서 낮이 4시간 더 깁니다.

[답] 4 시간

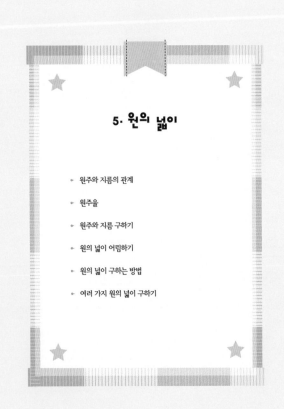

5. 원의 넓이

➤ 원주와 지름의 관계

➤ 원주율

➤ 원주와 지름 구하기

➤ 원의 넓이 어림하기

➤ 원의 넓이 구하는 방법

➤ 여러 가지 원의 넓이 구하기

5. 원의 넓이

원주와 지름의 관계

• 원주: 원의 둘레

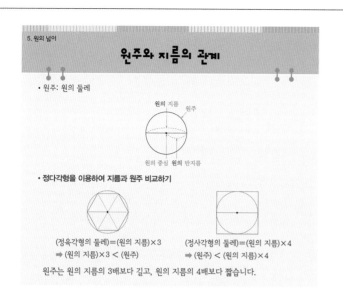

• 정다각형을 이용하여 지름과 원주 비교하기

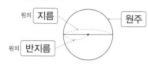

(정육각형의 둘레)=(원의 지름)×3   (정사각형의 둘레)=(원의 지름)×4
➡ (원의 지름)×3 < (원주)   ➡ (원주) < (원의 지름)×4

원주는 원의 지름의 3배보다 길고, 원의 지름의 4배보다 짧습니다.

1 그림을 보고 □ 안에 알맞은 말을 써넣으세요.

원의 [지름]   [원주]

원의 [반지름]

2 원을 보고 설명이 맞으면 ○표, 틀리면 ×표 하세요.

❶ 원의 크기가 커지면 원주도 길어집니다. (○)

❷ 원의 지름이 짧아지면 원주도 짧아집니다. (○)

❸ 원의 크기는 달라도 원주는 항상 같습니다. (×)

3 정육각형의 둘레와 원의 지름을 비교하였습니다. 물음에 답하세요.

❶ 정육각형의 한 변과 원의 반지름에 빨간색 선을 그어 표시해 보세요.

❷ 정육각형의 둘레를 수직선에 표시해 보세요.

❸ 정육각형의 둘레는 원의 지름의 몇 배인지 써 보세요.

(3)배

4 정사각형의 둘레와 원의 지름을 비교하였습니다. 물음에 답하세요.

❶ 정사각형의 한 변과 원의 지름에 빨간색 선을 그어 표시해 보세요.

❷ 정사각형의 둘레를 수직선에 표시해 보세요.

❸ 정사각형의 둘레는 원의 지름의 몇 배인지 써 보세요.

(4)배

5 그림을 보고 □ 안에 알맞은 수를 써넣으세요.

원주는 지름의 3 배보다 길고 4 배보다 짧습니다.

---

5. 원의 넓이

원주율

• 원주율: 원의 지름에 대한 원주의 비율

(원주율)=(원주)÷(지름)

• 원주율은 항상 일정합니다.
• 원주율을 소수로 나타내면 3.1415926535897932……와 같이 끝없이 이어지므로 필요에 따라 3, 3.1, 3.14 등으로 어림하여 사용하기도 합니다.

1 원의 지름에 대한 원주의 비율을 무엇이라고 하는지 써 보세요.

(원주율)

2 □ 안에 알맞은 말을 써넣으세요.

(원주율)=(원주)÷(지름)

3 원주와 지름의 관계를 나타낸 표입니다. 빈칸에 알맞은 수를 써넣으세요.

원주(cm)	지름(cm)	(원주)÷(지름)
6.28	2	3.14
15.7	5	3.14

4 다음 중 설명이 옳은 것을 찾아 기호를 써 보세요.

㉠ 원의 둘레를 원주율이라고 합니다.
㉡ 원주율을 소수로 나타내면 정확히 3.14입니다.
㉢ 원의 크기와 관계없이 (원주)÷(지름)의 값은 일정합니다.

(㉢)

▶ ㉠ 원의 둘레는 원주입니다.
㉡ 3.1415926535…

5 (원주)÷(지름)을 반올림하여 주어진 자리까지 나타내어 보세요.

원주: 12.57 cm

원주율	
소수 첫째 자리까지	소수 둘째 자리까지
3.1	3.14

6 지름이 6 cm인 원판을 만들고 자 위에서 한 바퀴 굴렸습니다. 원판의 원주가 얼마쯤 될지 자에 ↓로 표시해 보세요.

▶ 원주율=(원주)÷(지름)이므로
원의 원주는 (지름)×(원주율)입니다.
따라서 원의 둘레는 약 6×3.14=18.84 (cm)입니다.

7 크기가 서로 다른 원이 있습니다. 각 원의 (원주)÷(지름)을 비교하여 ○ 안에 >, =, <를 알맞게 써넣으세요.

원주: 21.98 cm = 원주: 62.8 cm

8 원주가 25.13 cm, 반지름은 4 cm인 원 모양의 거울이 있습니다. 원주율을 반올림하여 소수 둘째 자리까지 나타내어 보세요.

▶ 25.13÷8=3.141……

(3.14)

5. 원의 넓이

원주와 지름 구하기

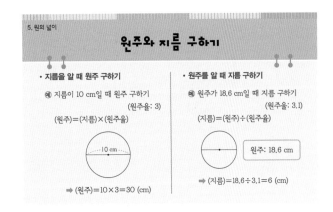

- **지름을 알 때 원주 구하기**

  예 지름이 10 cm일 때 원주 구하기

  (원주율: 3)

  (원주)=(지름)×(원주율)

  ➡ (원주)=10×3=30 (cm)

- **원주를 알 때 지름 구하기**

  예 원주가 18.6 cm일 때 지름 구하기

  (원주율: 3.1)

  (지름)=(원주)÷(원주율)

  원주: 18.6 cm

  ➡ (지름)=18.6÷3.1=6 (cm)

1 (원주율)=(원주)÷(지름)입니다. □ 안에 알맞은 말을 써넣으세요.

(원주)=(지름)×(원주율)   (지름)=(원주)÷(원주율)

2 원주는 몇 cm인지 구해 보세요. (원주율: 3.1)

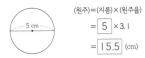

(원주)=(지름)×(원주율)

= 5 ×3.1

= 15.5 (cm)

3 지름은 몇 cm인지 구해 보세요. (원주율: 3)

원주: 27 cm

(지름)=(원주)÷(원주율)

= 27 ÷3

= 9 (cm)

4 원주는 몇 cm인지 구해 보세요. (원주율: 3.14)

❶ 6 cm   (18.84) cm

❷ 8 cm   (25.12) cm

▶ ❶ 6×3.14=18.84 (cm)   ❷ 8×3.14=25.12 (cm)

5 지름은 몇 cm인지 구해 보세요. (원주율: 3.1)

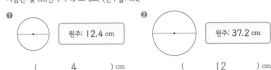

❶ 원주: 12.4 cm   (4) cm

❷ 원주: 37.2 cm   (12) cm

6 민지는 자전거를 타고 지름이 30 m인 원 모양의 트랙을 10바퀴 돌았습니다. 민지가 자전거를 타고 달린 거리는 몇 m인지 구해 보세요. (원주율: 3)

▶ 원 모양의 트랙의 길이를 구하면   (900) m
30×3=90 (m)입니다.
10바퀴 돌았으므로 90×10=900 (m) 달렸습니다.

7 길이가 49.6 cm인 끈을 겹치지 않게 연결하여 원을 만들었습니다. 만들어진 원의 지름은 몇 cm인지 구해 보세요. (원주율: 3.1)

▶ 원의 지름은 (원주)÷(원주율)입니다.   (16) cm
따라서 49.6÷3.1=16 (cm)입니다.

8 동훈이는 지름이 15 cm인 피자를 만들고, 유섭이는 원주가 62 cm인 피자를 만들었습니다. 누가 만든 피자의 둘레가 더 긴지 풀이 과정을 쓰고 답을 구해 보세요. (원주율: 3.1)

풀이 예 동훈이가 만든 피자의 둘레는 15×3.1=46.5 (cm)입니다.
유섭이가 만든 피자의 둘레는 62 cm이므로 유섭이가 만든 피자의 둘레가 더 깁니다.

답 유섭

5. 원의 넓이

원의 넓이 어림하기

방법 1 정사각형의 넓이를 이용하여 원의 넓이 어림하기

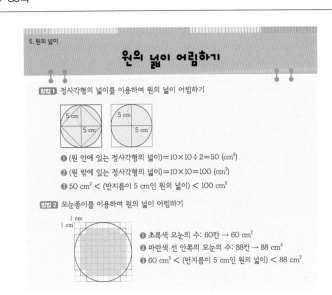

❶ (원 안에 있는 정사각형의 넓이)=10×10÷2=50 (cm²)
❷ (원 밖에 있는 정사각형의 넓이)=10×10=100 (cm²)
❸ 50 cm² < (반지름이 5 cm인 원의 넓이) < 100 cm²

방법 2 모눈종이를 이용하여 원의 넓이 어림하기

❶ 초록색 모눈의 수: 60칸 → 60 cm²
❷ 파란색 선 안쪽의 모눈의 수: 88칸 → 88 cm²
❸ 60 cm² < (반지름이 5 cm인 원의 넓이) < 88 cm²

1 반지름이 10 cm인 원의 넓이를 어림하려고 합니다. 물음에 답하세요.

❶ 원 안과 밖에 있는 정사각형의 넓이를 구해 보세요.

(원 안에 있는 정사각형의 넓이)= 20 × 20 ÷ 2 = 200 (cm²)

(원 밖에 있는 정사각형의 넓이)= 20 × 20 = 400 (cm²)

❷ 원의 넓이를 어림해 보세요.

200 cm² < (반지름이 10 cm인 원의 넓이) < 400 cm²

2 반지름이 4 cm인 원의 넓이를 어림해 보세요.

8 cm   4 cm   ➡ 32 cm² < (반지름이 4 cm인 원의 넓이) < 64 cm²

▶ 원 안의 정사각형의 넓이: 8×8÷2=32 (cm²)
원 밖의 정사각형의 넓이: 8×8=64 (cm²)

3 모눈을 이용하여 반지름이 6 cm인 원의 넓이를 어림해 보세요.

1 cm   ➡ 88 cm² < (반지름이 6 cm인 원의 넓이) < 132 cm²

▶ ① 파란색 모눈의 수: 88칸
② 주황색 선 안의 모눈의 수: 132칸

4 정육각형의 넓이를 이용하여 원의 넓이를 어림하려고 합니다. 물음에 답하세요.

❶ 삼각형 ㄱㅇㄷ의 넓이가 12 cm²이면 원 밖의 정육각형의 넓이는 몇 cm²인가요?
(72) cm²

❷ 삼각형 ㄹㅇㅂ의 넓이가 9 cm²이면 원 안의 정육각형의 넓이는 몇 cm²인가요?
(54) cm²

❸ 원의 넓이는 몇 cm²라고 할 수 있나요?
(예 63) cm²

▶ 원의 넓이는 54 cm²보다는 크고 72 cm²보다는 작습니다.
따라서 54와 72 사이의 값으로 예상합니다.

5. 원의 넓이
원의 넓이 구하는 방법

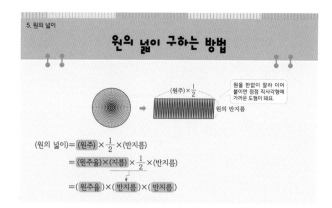

(원주)×½

원을 한없이 잘라 이어 붙이면 점점 직사각형에 가까운 도형이 돼요.

원의 반지름

(원의 넓이)=(원주)×½×(반지름)

=(원주율)×(지름)×½×(반지름)

=(원주율)×(반지름)×(반지름)

1 보기를 보고 □ 안에 알맞은 말을 써넣으세요.

보기   원주   원주율   지름   반지름

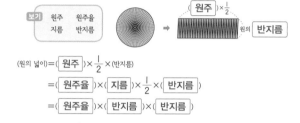

(원주)×½

원의 반지름

(원의 넓이)=(원주)×½×(반지름)

=(원주율)×(지름)×½×(반지름)

=(원주율)×(반지름)×(반지름)

2 지름이 16 cm인 원을 한없이 잘게 잘라 이어 붙여서 점점 직사각형에 가까워지는 도형으로 바꾸었습니다. □ 안에 알맞은 수를 써넣으세요. (원주율: 3)

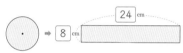

24 cm · 8 cm

3 원의 넓이를 구하려고 합니다. □ 안에 알맞은 수를 써넣으세요. (원주율: 3.14)

 7 cm

(원의 넓이)
= 7 × 7 ×3.14
= 153.86 (cm²)

4 원의 넓이를 구해 보세요. (원주율: 3.1)

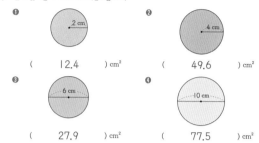

❶ 2 cm (12.4) cm²
❷ 4 cm (49.6) cm²
❸ 6 cm (27.9) cm²
❹ 10 cm (77.5) cm²

5 컴퍼스를 8 cm만큼 벌려서 원을 그렸습니다. 원의 넓이는 몇 cm²인지 구해 보세요. (원주율: 3.1)

(198.4) cm²

▶ 8×8×3.1=198.4 (cm²)

6 넓이가 가장 넓은 원부터 차례대로 기호를 써 보세요. (원주율: 3)

㉠ 지름이 18 cm인 원
㉡ 반지름이 10 cm인 원
㉢ 원주가 48 cm인 원
㉣ 넓이가 147 cm²인 원

▶ ㉠ 9×9×3=243 (cm²) (㉡, ㉠, ㉢, ㉣)
㉡ 10×10×3=300 (cm²)
㉢ 원의 반지름은 8 cm이므로 8×8×3=192 (cm²)

5. 원의 넓이
여러 가지 원의 넓이 구하기

1 색칠한 부분의 넓이를 구하려고 합니다. □ 안에 알맞은 수를 써넣으세요. (원주율: 3.1)

❶ (큰 원의 넓이)= 4 × 4 ×3.1= 49.6 (cm²)
❷ (작은 원의 넓이)= 2 × 2 ×3.1= 12.4 (cm²)
❸ (색칠한 부분의 넓이)= 49.6 − 12.4 = 37.2 (cm²)

2 색칠한 부분의 넓이를 구하려고 합니다. □ 안에 알맞은 수를 써넣으세요. (원주율: 3.14)

 16 cm

❶ (큰 원의 넓이)= 8 × 8 ×3.14= 200.96 (cm²)
❷ (작은 원의 넓이)= 4 × 4 ×3.14= 50.24 (cm²)
❸ (색칠한 부분의 넓이)= 200.96 − 50.24 = 150.72 (cm²)

3 색칠한 부분의 넓이를 구하려고 합니다. □ 안에 알맞은 수를 써넣으세요. (원주율: 3.1)

 14 cm

(색칠한 부분의 넓이)
=(정사각형의 넓이) - (원의 넓이)
= 14 × 14 − 7 × 7 ×3.1
= 196 − 151.9 = 44.1 (cm²)

4 색칠한 부분의 넓이를 구하려고 합니다. 물음에 답하세요. (원주율: 3.1)

 12 cm

❶ 색칠한 부분의 넓이는 지름이 24 cm인 원 몇 개의 넓이와 같은가요?
(1)개

❷ 색칠한 부분의 넓이를 구해 보세요.
(446.4) cm²

▶ ❷ 12×12×3.1=446.4 (cm²)

▶ ❶ 직사각형의 넓이에서 안에 든 반원의 넓이를 뺍니다. 10×5−½×5×5×3=12.5 (cm²)
❷ 원의 넓이에서 정사각형의 넓이를 뺍니다. 9×9×3−18×18×½=243−162=81 (cm²)

5 색칠한 부분의 넓이를 구해 보세요. (원주율: 3)

❶ 5 cm (12.5) cm²
❷ 9 cm (81) cm²
❸ 6 cm 6 cm (81) cm²
❹ 5 cm 10 cm (150) cm²

❸ 반지름 6 cm인 반원의 넓이와 지름 6 cm인 원의 넓이를 더합니다.
½×6×6×3+3×3×3=54+27=81 (cm²)

❹ ○표 한 두 반원의 넓이가 같으므로 반지름이 10 cm인 반원의 넓이와 같습니다.
½×10×10×3=150 (cm²)

6 어느 운동장의 모양이 다음과 같을 때, 운동장의 넓이는 몇 m²인지 구해 보세요. (원주율: 3)

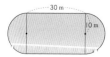 30 m, 10 m

▶ 식사각형의 넓이와 원의 넓이를 더합니다. (900) m²
30×20+10×10×3=600+300=900 (m²)

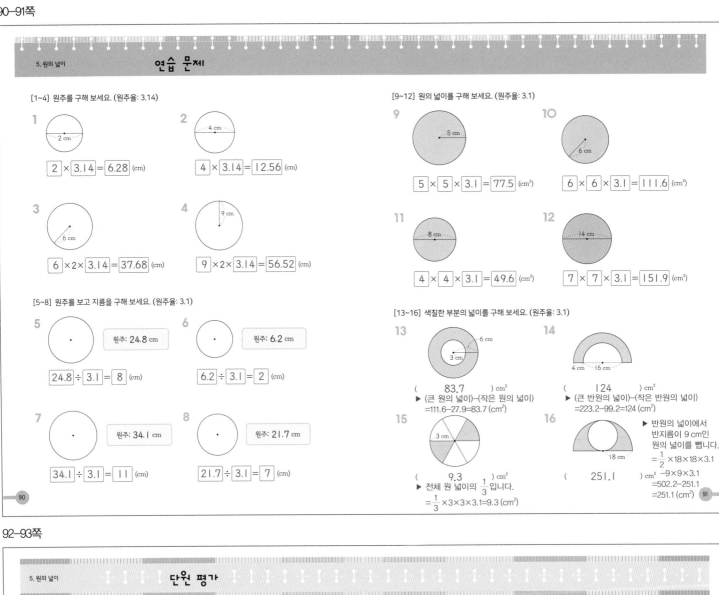

5. 원의 넓이 연습 문제

[1~4] 원주를 구해 보세요. (원주율: 3.14)

1
2 cm
$\boxed{2} \times 3.14 = \boxed{6.28}$ (cm)

2
4 cm
$\boxed{4} \times 3.14 = \boxed{12.56}$ (cm)

3
6 cm
$\boxed{6} \times 2 \times 3.14 = \boxed{37.68}$ (cm)

4
9 cm
$\boxed{9} \times 2 \times 3.14 = \boxed{56.52}$ (cm)

[5~8] 원주를 보고 지름을 구해 보세요. (원주율: 3.1)

5
원주: 24.8 cm
$\boxed{24.8} \div \boxed{3.1} = \boxed{8}$ (cm)

6
원주: 6.2 cm
$\boxed{6.2} \div \boxed{3.1} = \boxed{2}$ (cm)

7
원주: 34.1 cm
$\boxed{34.1} \div \boxed{3.1} = \boxed{11}$ (cm)

8
원주: 21.7 cm
$\boxed{21.7} \div \boxed{3.1} = \boxed{7}$ (cm)

[9~12] 원의 넓이를 구해 보세요. (원주율: 3.1)

9
5 cm
$\boxed{5} \times \boxed{5} \times 3.1 = \boxed{77.5}$ (cm²)

10
6 cm
$\boxed{6} \times \boxed{6} \times 3.1 = \boxed{111.6}$ (cm²)

11
8 cm
$\boxed{4} \times \boxed{4} \times 3.1 = \boxed{49.6}$ (cm²)

12
14 cm
$\boxed{7} \times \boxed{7} \times 3.1 = \boxed{151.9}$ (cm²)

[13~16] 색칠한 부분의 넓이를 구해 보세요. (원주율: 3.1)

13
6 cm, 3 cm
(83.7) cm²
▶ (큰 원의 넓이)−(작은 원의 넓이)
=111.6−27.9=83.7 (cm²)

14
4 cm, 16 cm
(124) cm²
▶ (큰 반원의 넓이)−(작은 반원의 넓이)
=223.2−99.2=124 (cm²)

15
3 cm
(9.3) cm²
▶ 전체 원 넓이의 $\frac{1}{3}$입니다.
= $\frac{1}{3}$ ×3×3×3.1=9.3 (cm²)

16
18 cm
(251.1) cm²
▶ 반원의 넓이에서 반지름이 9 cm인 원의 넓이를 뺍니다.
= $\frac{1}{2}$ ×18×18×3.1
−9×9×3.1
=502.2−251.1
=251.1 (cm²)

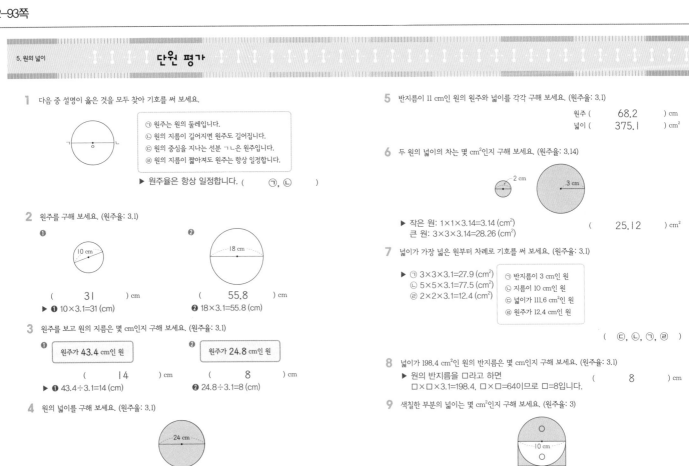

5. 원의 넓이 단원 평가

1 다음 중 설명이 옳은 것을 모두 찾아 기호를 써 보세요.

㉠ 원주는 원의 둘레입니다.
㉡ 원의 지름이 길어지면 원주도 길어집니다.
㉢ 원의 중심을 지나는 선분 ㄱㄴ은 원주입니다.
㉣ 원의 지름이 짧아져도 원주는 항상 일정합니다.

▶ 원주율은 항상 일정합니다. (㉠, ㉡)

2 원주를 구해 보세요. (원주율: 3.1)

❶ 10 cm
(31) cm
▶ ❶ 10×3.1=31 (cm)

❷ 18 cm
(55.8) cm
▶ ❷ 18×3.1=55.8 (cm)

3 원주를 보고 원의 지름은 몇 cm인지 구해 보세요. (원주율: 3.1)

❶ 원주가 43.4 cm인 원
(14) cm
▶ ❶ 43.4÷3.1=14 (cm)

❷ 원주가 24.8 cm인 원
(8) cm
▶ ❷ 24.8÷3.1=8 (cm)

4 원의 넓이를 구해 보세요. (원주율: 3.1)

24 cm
(446.4) cm²
▶ 반지름이 12 cm이므로
12×12×3.1=446.4 (cm²)입니다.

5 반지름이 11 cm인 원의 원주와 넓이를 각각 구해 보세요. (원주율: 3.1)
원주 (68.2) cm
넓이 (375.1) cm²

6 두 원의 넓이의 차는 몇 cm²인지 구해 보세요. (원주율: 3.14)

2 cm, 3 cm
(25.12) cm²
▶ 작은 원: 1×1×3.14=3.14 (cm²)
큰 원: 3×3×3.14=28.26 (cm²)

7 넓이가 가장 넓은 원부터 차례로 기호를 써 보세요. (원주율: 3.1)

▶ ㉠ 3×3×3.1=27.9 (cm²)
㉡ 5×5×3.1=77.5 (cm²)
㉣ 2×2×3.1=12.4 (cm²)

㉠ 반지름이 3 cm인 원
㉡ 지름이 10 cm인 원
㉢ 넓이가 111.6 cm²인 원
㉣ 원주가 12.4 cm인 원

(㉢, ㉡, ㉠, ㉣)

8 넓이가 198.4 cm²인 원의 반지름은 몇 cm인지 구해 보세요. (원주율: 3.1)
▶ 원의 반지름을 □라고 하면 (8) cm
□×□×3.1=198.4, □×□=640이므로 □=8입니다.

9 색칠한 부분의 넓이는 몇 cm²인지 구해 보세요. (원주율: 3)

10 cm
(50) cm²
▶ ○표 부분은 넓이가 같으므로 직사각형의 넓이와 색칠한 부분의 넓이가 같습니다.
따라서 10×5=50 (cm²)입니다.

실력 키우기

5. 원의 넓이

1 큰 바퀴의 원주는 작은 바퀴의 원주의 3배입니다. 작은 바퀴의 원주가 21.7 cm일 때, 작은 바퀴와 큰 바퀴의 지름의 합은 몇 cm인지 구해 보세요. (원주율: 3.1)

▶ 작은 바퀴의 지름:
21.7÷3.1=7 (cm)
큰 바퀴의 지름:
21.7×3÷3.1=21 (cm)

(28) cm

2 원주가 62.8인 파이를 밑면이 정사각형 모양의 상자에 담으려고 합니다. 이 상자의 밑면의 한 변의 길이는 적어도 몇 cm이어야 하는지 구해 보세요. (원주율: 3.14)

▶ 파이의 지름이 정사각형 모양 상자의 한 변의 길이입니다.
62.8÷3.14=20 (cm)

(20) cm

3 길이가 93 cm인 종이띠를 겹치지 않게 붙여서 원을 만들었습니다. 만들어진 원의 넓이를 구해 보세요. (원주율: 3.1)

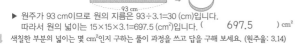
93 cm

▶ 원주가 93 cm이므로 원의 지름은 93÷3.1=30(cm)입니다.
따라서 원의 넓이는 15×15×3.1=697.5 (cm²)입니다. (697.5) cm²

4 색칠한 부분의 넓이는 몇 cm²인지 구하는 풀이 과정을 쓰고 답을 구해 보세요. (원주율: 3.14)

20 cm

풀이 빗금친 부분의 넓이는 (반원의 넓이)−(직각삼각형의 넓이)입니다.

반원의 넓이는 $\frac{1}{2}$×10×10×3.14=157 (cm²)이고 직각삼각형의 넓이는
20×10÷2=100 (cm²)입니다. **답** 228 cm²
빗금친 부분의 넓이는 157−100=57 (cm²)이므로
색칠한 부분의 넓이는 57×4=228 (cm²)입니다.

94

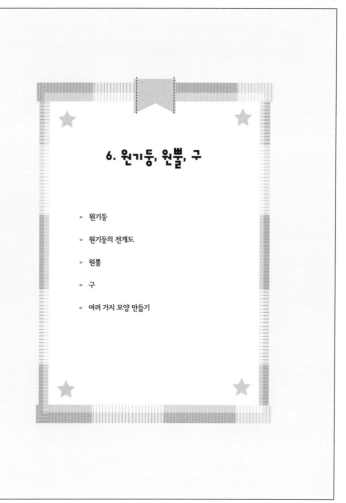

6. 원기둥, 원뿔, 구

→ 원기둥

→ 원기둥의 전개도

→ 원뿔

→ 구

→ 여러 가지 모양 만들기

---

6. 원기둥, 원뿔, 구

원기둥

• 원기둥: , , 등과 같은 입체도형

• 원기둥에서 서로 평행하고 합동인 두 면을 밑면이라고 합니다.
• 두 밑면과 만나는 면을 옆면이라고 합니다.
이 때 원기둥의 옆면은 굽은 면입니다.
• 두 밑면에 수직인 선분의 길이를 높이라고 합니다.

1 원기둥에서 각 부분의 이름을 써 보세요.

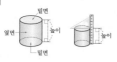

밑면
옆면
높이
밑면

2 원기둥을 모두 찾아 ○표 하세요.

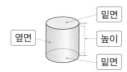

(○) ( ) ( ) (○) (○)

3 원기둥의 높이는 몇 cm인지 구해 보세요.

❶ 2 cm

❷ 9 cm
10 cm

(6) cm (9) cm

4 그림을 보고 물음에 답하세요.

4 cm
9 cm

❶ 직사각형 모양의 종이를 한 변을 기준으로 돌려서 만든 입체도형의 이름을 써 보세요.

(원기둥)

❷ 만들어진 입체도형의 밑면의 반지름과 높이를 구해 보세요.

밑면의 반지름 (4) cm
높이 (9) cm

5 원기둥과 각기둥의 공통점과 차이점에 대하여 바르게 설명한 것을 모두 찾아 기호를 써 보세요.

㉠ 원기둥과 각기둥에는 모두 꼭짓점이 있습니다.
㉡ 원기둥과 각기둥은 모두 두 밑면이 서로 평행하며 합동입니다.
㉢ 원기둥의 옆면은 굽은 면이고 각기둥의 옆면은 직사각형입니다.
㉣ 원기둥은 옆에서 본 모양이 원이고, 각기둥은 옆에서 본 모양이 직사각형입니다.

(㉡, ㉢)

6 원기둥에 대한 설명을 보고 원기둥의 높이는 몇 cm인지 구해 보세요.

정현: 앞에서 본 모양은 정사각형이야.
예주: 위에서 본 모양은 반지름이 6 cm인 원이야.

▶ 앞에서 본 모양이 정사각형이므로 밑면의 지름이 (12) cm 정사각형의 한 변의 길이가 됩니다.

96

97

6. 원기둥, 원뿔, 구

원기둥의 전개도

- 원기둥의 전개도: 원기둥을 잘라서 펼쳐 놓은 그림
- 원기둥의 전개도에서 밑면은 원 모양, 옆면은 직사각형 모양입니다.
- 옆면의 가로의 길이는 원기둥의 밑면의 둘레와 같고, 옆면의 세로의 길이는 원기둥의 높이와 같습니다.

1 원기둥의 전개도를 보고 □ 안에 알맞은 말을 써넣으세요.

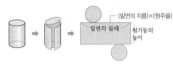

❶ 원기둥의 전개도에서 밑면은 **2** 개이고, **원** 모양입니다.

❷ 원기둥의 전개도에서 옆면은 **1** 개이고, **직사각형** 모양입니다.

2 원기둥의 전개도이면 ◯표, 원기둥의 전개도가 아니면 ✕표 하세요.

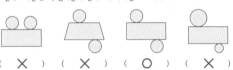

(✕)　　(✕)　　(◯)　　(✕)

3 밑면의 둘레와 같은 길이의 선분을 모두 찾아 빨간색 선으로 표시하고, 원기둥의 높이와 같은 선분을 모두 찾아 파란색 선으로 표시해 보세요.

4 원기둥과 원기둥의 전개도를 보고 □ 안에 알맞은 수를 써넣으세요. (원주율: 3.1)

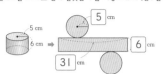

▶ 밑면의 둘레: (밑면의 지름)×(원주율)=10×3.1=31 (cm)

5 원기둥의 전개도를 보고 이 원기둥의 밑면의 반지름은 몇 cm인지 구해 보세요. (원주율: 3)

(**6**) cm

▶ (밑면의 지름)×3=36이므로 밑면의 지름은 12 cm입니다.

6 한 변을 기준으로 직사각형 모양의 종이를 돌려 만든 원기둥을 펼쳐 전개도를 만들었을 때, 옆면의 가로의 길이와 세로의 길이를 각각 구해 보세요. (원주율: 3)

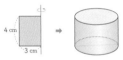

옆면의 가로 (**18**) cm
옆면의 세로 (**4**) cm

▶ ① (옆면의 가로의 길이)=(밑면의 둘레의 길이)이므로 6×3=18 (cm)입니다.
　② (옆면의 세로의 길이)=(원기둥의 높이)이므로 4 cm입니다.

---

6. 원기둥, 원뿔, 구

원뿔

- 원뿔:  등과 같은 입체도형

- 원뿔에서 평평한 면을 밑면, 옆을 둘러싼 굽은 면을 옆면이라고 합니다.
- 원뿔에서 뾰족한 부분의 점을 원뿔의 꼭짓점이라고 합니다.
- 원뿔의 꼭짓점과 밑면인 원의 둘레의 한 점을 이은 선분을 모선이라고 합니다.
- 원뿔의 꼭짓점에서 밑면에 수직인 선분의 길이를 높이라고 합니다.

1 원뿔을 모두 찾아 기호를 써 보세요.

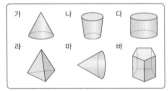

(**가, 마**)

2 보기에서 □ 안에 알맞은 말을 찾아 써넣으세요.

보기　밑면　원뿔의 꼭짓점　모선　높이　옆면

3 원뿔을 보고 모선의 길이, 원뿔의 높이, 밑면의 지름을 각각 구해 보세요.

모선의 길이 (**10**) cm
원뿔의 높이 (**8**) cm
밑면의 지름 (**12**) cm

4 직각삼각형 모양의 종이를 한 변을 기준으로 돌려 만든 입체도형을 보고 밑면의 지름과 높이는 각각 몇 cm인지 구해 보세요.

원뿔의 높이 (**6**) cm
밑면의 지름 (**12**) cm

5 입체도형을 보고 알맞은 말이나 수를 써넣으세요.

도형	밑면의 모양	밑면의 수(개)	위에서 본 모양	앞에서 본 모양
	사각형	1	**사각형**	삼각형
	원	1	**원**	**삼각형**

6 원뿔을 보고 바르게 설명한 것을 모두 찾아 기호를 써 보세요.

㉠ 높이는 4 cm입니다.
㉡ 밑면의 지름은 3 cm입니다.
㉢ 원뿔의 꼭짓점은 1개입니다.
㉣ 한 원뿔에서 높이는 모선의 길이보다 항상 깁니다.

(**㉠, ㉢**)

6. 원기둥, 원뿔, 구

구

• 구: 🏀 , 🔵 , ⚾ 등과 같은 입체도형

• 구에서 가장 안쪽에 있는 점을 구의 중심이라 합니다.

• 구의 중심에서 구의 겉면의 한 점을 이은 선분을 구의 반지름이라고 합니다.

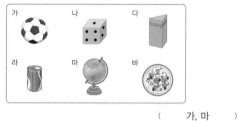

구의 중심   구의 반지름

1 구 모양의 물건을 모두 찾아 기호를 써 보세요.

가	나	다
⚽	🎲	상자
라	마	바
캔	🌐	접시

(가, 마)

2 [보기]에서 □ 안에 알맞은 말을 찾아 써넣으세요.

[보기]
구의 반지름
꼭짓점
구의 중심

구의 중심   구의 반지름

3 반원 모양의 종이를 지름을 기준으로 한 바퀴 돌려서 만든 구의 반지름은 몇 cm인지 구해 보세요.

10 cm

(5) cm

4 입체도형을 위, 앞, 옆에서 본 모양을 그려 보세요.

입체도형	위에서 본 모양	앞에서 본 모양	옆에서 본 모양
구 (위, 앞, 옆)	○	○	○
원기둥 (위, 앞, 옆)	○	□	□
원뿔 (위, 앞, 옆)	○	△	△

5 구에 대해 잘못 설명한 친구의 이름을 쓰고, 바르게 고쳐 보세요.

3 cm
5 cm
8 cm

• 준서: 구의 중심은 1개야.
• 희찬: 구의 반지름은 8 cm야.
• 동규: 구는 어느 방향에서 보아도 모양이 같아.
• 재준: 구의 반지름은 무수히 많고, 어느 부분에서 재어도 길이가 같아.

[잘못 말한 친구] (희찬)

[바르게 고치기] 구의 반지름은 5 cm야.

---

6. 원기둥, 원뿔, 구

여러 가지 모양 만들기

• 원기둥, 원뿔, 구를 사용하여 여러 가지 모양을 만들 수 있습니다.

➡ 원기둥 3개, 원뿔 3개, 구 1개를 사용하여 만든 모양입니다.

1 케이크 모양을 만드는 데 원기둥, 원뿔, 구 중에서 어떤 입체도형을 사용하였는지 써 보세요.

(원기둥)

2 여러 가지 입체도형으로 만든 도형입니다. 사용한 입체도형은 각각 몇 개인지 구해 보세요.

❶

원기둥 (2)개
원뿔 (4)개
구 (5)개

❷

원기둥 (4)개
원뿔 (3)개
구 (5)개

3 여러 가지 입체도형으로 만든 모양을 보고 구는 원뿔보다 몇 개 더 많이 사용했는지 구해 보세요.

(4)개

4 여러 가지 입체도형으로 만든 모양을 보고 가장 많이 사용한 입체도형은 무엇인지 써 보세요.

▶ 원기둥: 3개
원뿔: 5개
구: 1개

(원뿔)

5 여러 가지 입체도형으로 만든 모양을 보고 가장 많이 사용한 입체도형과 가장 적게 사용한 입체도형의 차는 몇 개인지 구해 보세요.

▶ 원기둥: 5개
원뿔: 3개
구: 4개

(2)개

6 원기둥, 원뿔, 구를 사용하여 모양을 만들고 제목을 붙여 보세요.

예

제목: 눈사람

연습 문제

1 원기둥의 밑면의 반지름과 높이를 각각 구해 보세요.

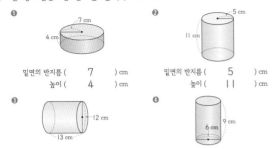

❶ 밑면의 반지름 (7) cm
높이 (4) cm

❷ 밑면의 반지름 (5) cm
높이 (11) cm

❸ 밑면의 반지름 (6) cm
높이 (13) cm

❹ 밑면의 반지름 (3) cm
높이 (9) cm

2 직사각형 모양의 종이를 한 변을 기준으로 돌려 만든 입체도형을 보고 밑면의 지름과 높이를 각각 구해 보세요.

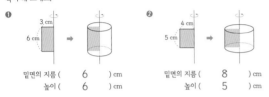

❶ 밑면의 지름 (6) cm
높이 (6) cm

❷ 밑면의 지름 (8) cm
높이 (5) cm

3 원기둥의 전개도이면 ○표, 원기둥의 전개도가 아니면 ✕표 하세요.

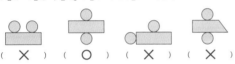

(✕) (○) (✕) (✕)

4 원기둥의 전개도를 보고 □ 안에 알맞은 수를 써넣으세요. (원주율: 3.1)

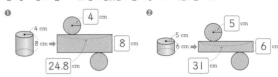

❶ 4 cm, 8 cm, 24.8 cm
❷ 5 cm, 6 cm, 31 cm

5 원뿔에서 밑면의 반지름, 높이, 모선의 길이를 각각 구해 보세요.

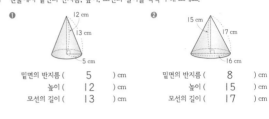

❶ 밑면의 반지름 (5) cm
높이 (12) cm
모선의 길이 (13) cm

❷ 밑면의 반지름 (8) cm
높이 (15) cm
모선의 길이 (17) cm

6 반원 모양의 종이를 지름을 기준으로 돌려 만든 입체도형의 반지름은 몇 cm인지 구해 보세요.

❶ (2) cm
❷ (7) cm

단원 평가

1 입체도형을 보고 물음에 답하세요.

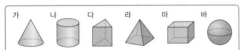

가 나 다 라 마 바

❶ 원기둥을 찾아 기호를 써 보세요.
(나)

❷ 원뿔을 찾아 기호를 써 보세요.
(가)

❸ 구를 찾아 기호를 써 보세요.
(바)

2 원기둥과 원기둥의 전개도를 보고 □ 안에 알맞은 수를 써넣으세요. (원주율: 3.1)

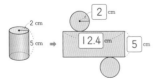

2 cm, 12.4 cm, 5 cm

3 원뿔의 높이, 모선의 길이, 밑면의 지름 중 무엇을 재는 것인지 알맞은 말을 써 보세요.

(모선의 길이) (원뿔의 높이) (밑면의 지름)

4 한 변을 기준으로 돌려서 다음 원뿔을 만들 수 있는 직각삼각형을 찾아 기호를 써 보세요.

가 나

(나)

5 원기둥과 원뿔이 있습니다. 두 입체도형의 높이의 차는 몇 cm인지 구해 보세요.

(1) cm

6 원기둥, 원뿔, 구의 공통점에 대하여 설명한 것을 모두 찾아 기호를 써 보세요.

㉠ 굽은 면이 있습니다.
㉡ 뾰족한 부분이 있습니다.
㉢ 위에서 보면 원 모양입니다.
㉣ 원 모양의 밑면이 1개 있습니다.
㉤ 평면도형을 한 직선을 기준으로 돌려서 만들 수 있습니다.

(㉠, ㉢, ㉤)

7 다음 모양에 각 입체도형이 몇 개씩 사용되었는지 구해 보세요.

원기둥 (2)개
원뿔 (5)개
구 (6)개

실력 키우기

1 어떤 입체도형을 위, 앞, 옆에서 본 모양입니다. 이 도형의 이름을 써 보세요.

❶
위 앞 옆
(구   )

❷
위 앞 옆
(원뿔   )

2 직사각형 모양의 포장지를 다음과 같이 주스 통에 붙였습니다. 겹치는 부분 없이 딱 맞도록 붙였을 때 포장지의 넓이는 몇 cm²인지 구해 보세요. (원주율: 3.1)

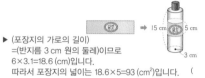 ➡ 15 cm   5 cm
3 cm

▶ (포장지의 가로의 길이)
　=(반지름 3 cm 원의 둘레)이므로
　6×3.1=18.6 (cm)입니다.
　따라서 포장지의 넓이는 18.6×5=93 (cm²)입니다.　(　93　) cm²

3 어떤 직각삼각형의 한 변을 기준으로 하여 한 바퀴 돌려서 만들어진 입체도형입니다. 돌리기 전 도형의 넓이는 몇 cm²인지 구해 보세요.

10 cm
12 cm 13 cm

▶ 돌리기 전 도형은 밑변 5 cm, 높이 12 cm인 직각삼각형입니다.
　넓이를 구하면 5×12÷2=30 (cm²)입니다.　(　30　) cm²

4 지름이 12 cm인 반원 모양의 종이를 다음과 같이 지름을 기준으로 한 바퀴 돌려서 입체도형을 만들었습니다. 만들어진 입체도형의 반지름은 몇 cm인지 구해 보세요.

▶ 반원의 반지름이 구의 반지름이 되므로　(　6　) cm
　구의 반지름은 12÷2=6 (cm)입니다.